要改变命运先改变自己的不良习惯

如果你希望出类拔萃，与众不同，那么，你必须懂得一点——你的习惯改变决定着你的未来。

要改变命运 先改变自己的 不良习惯

展鹏◎编著

研究出版社

图书在版编目（CIP）数据

要改变命运先改变自己的不良习惯 / 展鹏编著.
— 北京：研究出版社，2013.1（2021.8重印）
ISBN 978-7-80168-747-0

Ⅰ.①要⋯

Ⅱ.①展⋯

Ⅲ.①习惯性－能力培养－通俗读物

Ⅳ.①B842.6－49

中国版本图书馆CIP数据核字（2012）第307087号

责任编辑：之　眉　　　**责任校对：**陈侠仁

出版发行：研究出版社
　　　　　地　址：北京1723信箱（100017）
　　　　　电　话：010-63097512（总编室）　010-64042001（发行部）
　　　　　网址：www.yjcbs.com　E-mail: yjcbsfxb@126.com
经　　销：新华书店
印　　刷：北京一鑫印务有限公司
版　　次：2013年4月第1版　2021年8月第2次印刷
规　　格：710毫米×990毫米　1/16
印　　张：14
字　　数：205千字
书　　号：ISBN 978-7-80168-747-0
定　　价：38.00 元

前 言
FOREWORD

好习惯能够造就人，坏习惯可以摧毁人。

有一则笑话很能说明习惯的重要性：

山上住着一户人家，父子二人靠砍柴为生，相依为命。每天早上，父子俩都会将前一天砍好的柴装在车上，套上牛，前往山下的集市去卖。

由于老父亲的眼神不好，每到山路的拐弯处时，儿子便会提醒赶车的父亲说："爹，要拐弯了。"然后，父亲指挥牛拐弯。

久而久之，那头牛每次来到拐弯处时都会稍做停顿，听到"爹，要拐弯了"这句喊话声后，才开始拐弯。

有一次，父亲因为身体不适，儿子只好一个人赶着牛车下山卖柴。结果，到了第一个拐弯处时，牛像往常一样站着不动了。儿子很着急，但无论他怎么吆喝、指挥，牛就是不动。他甚至用鞭子抽打它，可仍然没有效果。

在回忆以往每到山路拐弯处的情景后，儿子好像发现了其中的原因。他往四处看了看，发现周围没有什么人后，就大声喊道："爹，要拐弯了。"牛听到了这句话后，又像往常一样动了起来。

动物的习惯是由条件反射造成的，很容易纠正。但人的习惯却不容易改变，因为是由思维定式造成的。

有的人习惯"黎明即起，洒扫庭院"，有的人则习惯早上美美地睡个懒觉；有的人滴酒不沾，有的人则每天都好喝几杯；有的人喜欢衣着整洁，有的人则大大咧咧，不修边幅；有的人说话谦恭有礼，有的人则唯我独尊；有的人宽容有度，有的人却小肚鸡肠；有的人做事有条不紊，有的人则杂乱无章；有的人承诺了别人就绝不食言，有的人刚刚答允，可一转身就抛置脑后；有的人勤于储蓄，有的人却喜欢挥霍……

其实，习惯的养成与从小所受家庭和社会的影响有关。叶圣陶曾说过："教育就是培养习惯。"习惯并非与生俱来，而是经过后天培养的，许多习惯是因为经常做一件事而自然形成的，还有一些习惯是人为的、刻意养成的。

莎士比亚说："习惯若不是最好的仆人，它便是最坏的主人。" 在现实生活中，许多人已经意识到自己身上的坏习惯，可就是无法戒除，继续任由"最坏的主人"驱使摆布。本书通过引用中外古今经典故事，分析十大不良习惯的害处，拥有健康习惯的好处，并提出了中肯的建议与切实有效的指导方法，帮助读者改掉不注重仪表、消极处世、不守信用、墨守成规、懒惰松散、依赖别人等十大不良习惯，提高自身素养，从容应对生活。

目 录
CONTENTS

第一章 表面文章还得做，第一印象很重要
——改掉不注重仪表的习惯

仪表可以体现一个人的个性。初次见面，良好的仪表会给对方留下深刻的印象，这对社交有一定的帮助。所以要改掉邋遢的习惯，养成注重仪表的好习惯。

第二章 调整好心态，心态决定一切
——改掉消极处事的习惯

心态对人的发展具有非常大的作用，良好的心态可以助人成长，而不良的心态可以毁掉一个人。可以说心态能决定人的一生。要想让自己有所成就，就必须有良好的、正确的心态。

第三章　说话之前要三思，管住舌头别乱说

——改掉不加思索就说话的习惯

不分时间，不分场合，不加思索，想说就说，这是极其不好的说话习惯，要知道说出去的话就像泼出去的水，很难收回。所以，要养成谨慎说话的习惯，在生活中、工作中把握好自己的说话尺度和说话方式。

第四章　注重工作效率，把功夫用在正事上

——改掉眉毛胡子一把抓的习惯

把梦想变成现实，就一定要行动起来，在行动中最应该注重的就

是效率。在一定的时间里，做最有价值的事，把功夫用在正事上。在做事时合理安排事情的轻重缓急，从而为出色地完成任务打下基础。

第五章 做人诚实守信，失信于人难服人
——改掉不守信用的习惯

要养成诚实守信的习惯，与其以力做事，不如用诚做事；与其用力服人，不如以诚感人。只有讲信用，才能走出一条自己的路。在为人处事上要坚持诚实守信，只有这样才能维护自己在社会上的声誉，只有诚实守信的人才能真正地成就自己。

第六章　遇事多动脑，盲目行动易吃亏
——改掉不喜欢动脑筋的习惯

所有的目标、计划和成就，都是思考的产物。人的思考能力，是一种自己能够控制的思维。如果没有正确的思考，盲目行动最终会吃亏上当。

第七章　在创新上做文章，拓展成功的空间
——改掉墨守成规的习惯

从古至今，创新都是成大事业者亘古不变的话题，甚至成为成功人士的口头禅或者座右铭。"与时俱进，开拓创新"，便成了新时代最具有影响力的口号。大凡成功者都有创新的意识，因为他们知道一个企业只有创新才能有发展，才会立于不败之地。这就是创新无穷的魅力激励着人们不断地去创新，从而在旧的观念上有所突破。

第八章　少做"白日梦"，用实际行动说话

——改掉懒惰松散的习惯

　　人的行动不是单一举动，而是习惯性。因此，它总是在不知不觉中，长年累月地影响着人的行动，暴露着人的本性，左右着每个人的每一次成败得失。

第九章　求人不如求己，自己才是救世主

——改掉依赖他人的习惯

　　一个人做生意赔了本，到庙里求菩萨保佑，他正在拜菩萨时，来了一个人，他惊奇地发现这个人长得和菩萨一模一样，便问："你就是菩萨吗？""是的。"得到肯定答案后，商人更惊奇了："那你为什么要求自己呢？""求人不如求己！"商人顿有所悟。的确如"菩

萨"所言，不管什么时候，自己才是最可靠的、最值得信赖的。

第十章　随时提醒自己，避免犯同样的错误

——改掉不善于反省的习惯

生活中的困难、诱惑不计其数，能否克服困难、经得住诱惑，关键要看自己的定力足不足。养成随时自我反省的好习惯，无论在生活中还是在学习中，对我们都会有很大的帮助。

第一章　表面文章还得做，第一印象很重要

——改掉不注重仪表的习惯

仪表可以体现一个人的个性。初次见面，良好的仪表会给对方留下深刻的印象，这对社交有一定的帮助。所以要改掉邋遢的习惯，养成注重仪表的好习惯。

1. 把好第一关，做个礼貌体面的人

在人际交往中，每个人都想给他人留下良好的印象，所以在与人交往时非常注意言行举止，能否在初次见面时给对方留下良好的印象尤为重要。

所谓第一印象，就是素不相识的人初次接触时给别人留下的印象，包括表情、姿态、服饰、举止、言语等，是别人经过观察决定是否与之继续交往的重要依据。因此，第一印象对于人际关系和公关办事的影响很大。

第一印象是在没有外界作用力的情况下形成的，是发自人内心的真实感受，具有相当的确定性。所以在社交场合中善于处事的人在初次见面时都力图展现出自己最好的一面，以赢得对方的好感，从而有利于以后的交往和合作。

那么如何才能在初次见面时展示自己最好的一面呢？

（1）显得有活力

不管是年轻还是年老，在公关办事中都要表现得很有活力，一个死气沉沉的人很难给人留下良好的印象。头发梳理得整齐干净，面部表情自然而有生气，眼睛炯炯有神，精神状态良好，行动间显得很有干劲，充满活力，这样的人在初次与人接触时往往更容易赢得别人对他的好感。

（2）充满热情

有人说："热情是世界上最宝贵的财富。""热情是行动的信仰，有了这种信仰，我们就会无往不胜。"的确，没有什么东西比热情更能打动人心、引起别人好感了。一个做事积极主动的人，一个处处都能表现出办事热情的人，在初次见面中，无疑能给人留下难以磨灭的印象。

（3）利索能干

在初次见面的时候，如果一个人在言行举止上显得干净利索，处事有条有理，对方往往会感觉他非常能干，而这将有利于将来的交往和合作。因为利索能干的人将会给对方带来更多信心。相反，如果一个人做事迟钝、缓慢，就很难给人留下好印象。

（4）充满自信

一个充满自信的人不仅对自己充满信心，还可以让别人对你充满信心，这个信心往往就是将来彼此交往与合作的基础。一个瞻前顾后、畏畏缩缩的办事者不但显得对自己没有信心，也会让别人对其失去信心。

（5）显得有分量

从人的一般心理上讲，没有几个人希望自己跟无关紧要的人打交道，因为这也意味着事情的效率很难得到保证。而跟一个很有分量的人共事，不仅能够给他带来信心，而且还会使他觉得能够提升自己的地位。所以，如果一个人显得可有可无、无足轻重，将很难引起别人的重视。而一个看起来很有分量的人，即便是表面上的，也更能让人重视，别人也更愿意与其合作。

除了上述几个方面之外，在初次见面中穿着服饰、言谈举止也是需要注意的地方。穿着打扮大方自然，言行举止礼貌得体，切忌为了引起别人的注意而采取一些极端的方法，如身着奇装异服，说话的嗓门过大等，这样的做法只能起到相反的效果，只会惹人反感。

第一印象能一定程度上影响双方将来的交往，但它仅仅是一种首要效应，并不是本质的，更不是不可改变的。有时第一次接触的时候给对方留下的印象不是很好，甚至很糟糕，但随着时间的推移，彼此的进一步了解，对初次见面时的坏印象也会有所改观，但这是需要一定时间的，所以人们还是要注意自己给人的第一印象。

2. 给人留个好印象，别让仪表丢分

注意仪表虽说只是一种行为方式，但需要以习惯为基础，只有养成注意仪表的好习惯，才能获得一个好口碑。

一个人的外貌虽说对个人总体形象有影响，但不是很大。只要穿着得体就会给人留下良好的印象，别人看到你整齐的外表，自然会感觉很舒服。

有的人认为内涵是最重要的，至于人的仪表是小问题，大丈夫就应不拘小节。这样想的人其实错了。试想，一个连自己的仪表都打理不好的人，怎么会成大事呢？不修边幅、不懂礼节的恶名就会戴到你的头上，这对任何方面的发展都没有一点好处。如果你注重自己的形象，衣着整洁、穿着大方得体，在和别人的交往的时候就能很快获得别人的好感。

相貌是天生的，相貌的作用也不是绝对的。没有良好的内在素质和真才实学，再漂亮也只是中看不中用，接触久了会让人觉得庸俗、肤浅、没有头脑。过分地注重自己的相貌，会使你失去更高贵更持久的东西，也会影响工作业绩。

为了给对方留下一个不错的印象，就要有良好的仪表气质。

总之要让整个人看起来有气质。俗话说："人靠衣装马靠鞍。"外表可以给别人留下深刻的印象。一个衣冠不整、邋邋遢遢的人和一个装束典雅、整洁利落的人在条件相同的情况下，一同去办一件事，结果可能会大相径庭。前者恐怕会遭人冷落、受人白眼，而后者很可能受到热情的接待，从而顺利地完成任务。

我们在现实生活中，虽然不提倡以貌取人，但是有的时候外貌确实可以决定一个人的成败。当然这里所说的"貌"是特指仪表。

整齐的着装反映出一个人的修养、气质与情操，这些内在因素完全可以通过仪表表现出来。所以，在尚未与人接触时，个人的修养、内涵已经体现出一部分了。因此，人们应该在着装方面下一点功夫，这样将有助于办成事。

邋遢的形象不仅是对自己不负责，也是对他人不尊敬的表现。人们见到衣冠不整的人，一般会联想到落魄、失败，谁会愿意和这样的人打交道呢，朋友失去了，一个很好的机会或许也同时离自己远去。

有一位行为学家曾做过一个实验，他本人以不同的打扮出现在同一个地点。当他身穿西装以绅士模样出现时，无论是向他问路或问时间的人，大多彬彬有礼。当他打扮成无业游民时，接近他的多半是流浪汉，或是来对火的，或是来借烟的。这说明，一个人的仪表即使不是全部，至少也会部分地反映他的个性、爱好和人品。因此，一个有着良好品格和品位的人，不会对他的形象掉以轻心。反过来说，对自己外在形象的约束、装饰，也是一个人良好品格和品位的必然表现和自然流露。当然，这种修饰不是矫饰，而是服从于人品修养的发自内心的自然举动，所谓"于细微处见精神"，或精神显露于举手投足之间。

日常生活中，人们常常听到这样的劝告：不要以貌取人。但是事实证明，大多数人仍在以貌取人。所以，为了给别人留下好印象，人们除了要注重衣着整洁之外，还要注意如下几方面：

（1）保持牙齿清洁

白净的牙齿是外表整洁的第一表象，会给人们增添几分意想不到的魅力。在与人交往过程中，满口黄牙自然会降低你的自信心，别人看在眼里同样会产生不舒服的感觉，不了解你的人很可能认为你是个不重外表的粗人，甚至认为你对他不够尊重。

（2）注意不良气味

口臭、腋臭、烟味、酒味、鞋臭味等不良气味是影响人际交往的因素之一，这些气味都会使你看起来肮脏、邋遢，令人觉得不舒服。要时刻注意自己是否有让人产生厌恶的气味，一旦发现及时处理。

（3）注重手和指甲的清洁

手可以说是人的第二张脸，在与人交往时，与人行握手之礼是在所难免的。如果，你伸出一双脏兮兮的手，别人很可能对你产生想法，和你握手吧，脏兮兮的手让人看了生厌；不与你握手吧，一片盛情让人难以推却。这就会造成彼此间的尴尬，所以，为了避免这种情况，要时刻注重手的清洁卫生，尤其指甲的清洁与护理。

说到对指甲的在意，最具代表性的就是日本歌手滨崎步了，据说她单单在指甲上的化妆就需要花费5个多小时。当然不是要求每个人都要像她一样，但是对指甲的清洁和修剪却是万万不可马虎的。因为，指甲的清洁与否直接体现出一个人的生活态度、对礼仪的重视程度。干净、漂亮的指甲，给人以轻松、舒适之感，这样容易拉近与人的距离。

3. 在着装上花点儿心思

个人形象可以真实地体现出自身的教养和品位，个人形象也可以客观地反映出自身的精神风貌与生活态度。这就需要人们注意着装礼仪，恰如其分展现出自己的品位。

着装，从文字上看，就是服装的穿着。但从礼仪的角度看，着装不能简单地等同于穿衣。因为它反映了一个人文化素质之高低，审美情趣之雅俗。

着装是根据不同的时间、场合、目的，在一定条件下对所穿的服装进行精心地选择、搭配和组合。在各种正式场合里，注重个人着装的人能体现仪表美，让人看着舒服，这在交际中会给自己增分不少。相反地，一个穿着不当，举止不雅的人，往往会降低自己的身份，损害自己的形象。由此可见，着装是一门艺术，它既要讲究协调、色彩，也要注意场合、身份等。同时它又是一种文化的体现。

每逢大型文艺晚会均有民族服装的展示，比如说舞蹈，舞者身上的着装展示的不仅仅是服装，更是一种文化，本民族特有的文化，这也是一种文明的体现。要文明大方，忌穿过露、过透、过短和过紧的服装。身体部位的过分暴露，不但有失自己身份，而且也失敬于人，使他人感到多有不便。虽然着装是自己的事，但是落在别人眼里的，可能就不只是你自己的事。所以，穿衣还是庄重点好，把自己的气质穿出来。

对我们来说，着装自然得体，协调大方，符合气质，彰显魅力就是最得体的了。服装不但要与自己的具体条件相适应，也要保持整齐、整洁，还要时刻注意客观环境、场合对人的着装要求，也就是着装打扮要优先考虑时间、地点和目的这三个要素，并努力在穿着打扮的各方面与时间、地点、目的协调一致。

我们穿衣要恪守服装本身及鞋帽之间约定俗成的搭配，在整体上尽可能做到完美、和谐，展现着装的整体之美。使得身上各个部分相互呼应，相得益彰。除此之外，还要注重颜色的搭配，一般说来，暖色调（红、橙、黄等）给人以温暖、华贵的感觉，冷色调（紫、蓝、绿）则给人凉爽、恬静、安宁、友好的感觉，中和色（白、黑、灰）给人平和、稳重、可靠的感觉。我们要学会色彩的搭配，穿出最有活力、最有自信的自己。

俗话说："鞋袜半身衣。"想象一下一套光鲜的衣服配一双肮脏的皮鞋，其形象可想而知。可见鞋袜的搭配对人的重要性。所以，在穿着美观方面，细节的搭配很重要，合适的着装还要配上合适的鞋袜。我们自己要特别注意这个地方。

五光十色的服装被千姿百态的人们演绎的同时，衣装已经不再是一种没有生命的遮羞布。它不仅是布料、花色和缝制的组合，更是一种社会工具，它向社会中其他成员传达出信息，人们可以通过衣着向他人展示：你是个什么个性的人，你是不是很重视仪表，你是不是重视工作等内涵。

好的着装可以体现出一个人的道德魅力、审美魅力、知识魅力以及行为规范的魅力；也能让服装在无形中协调人际关系、提高工作效率、增加职位升迁的机会等。

着装要个性鲜明。个性特征原则要求是一个人的着装要与他的年龄、体形、职业和所在的场合吻合，表现出一种和谐，这种和谐能给人以美感。扬长避短，并在此基础上创造和保持自己独有的风格，即在不违反礼仪规范的前提下，在某些方面可体现出与众不同的个性，不能盲目地追逐时髦，需要找寻适合自己的风格。

要想展现出自我的风采，懂得着装礼仪是一个快捷的方式，做一个会给自己形象加分的人吧，让自己变得富有魅力，这将会对自己的发展有很大的帮助作用。

4. 举手投足，要有成熟稳重之感

俗话说："站有站相，坐有坐相。"古人很早就对人的举止行为做过要求。随着人类文明的提高，人们对自身行为的认识也日益加深。礼貌的举止行为既是个人教养的体现，也是一笔无形的财富。一个人在为人处事过程中，如果有得体的行为举止，会使人眼前一亮。

一个人的行为举止可以体现出自身修养，端庄的行为举止则是长年累月培养的结果，是习惯下的产物，如果一个人能随时随地把端庄的行为举止展现在别人面前，这表示他已经将注重自身的行为举止当成了一种习惯。拥有这种好习惯的人容易获得他人的好感，更容易成功。

（1）行为举止及其意义

所谓举止行为，就是指一个人的活动以及在活动中各种身体姿势的总称。它主要由躺卧式、屈膝式、直立式及其他一些辅助性姿势与活动组成。人通过身体各种姿势的变化来完成各项活动，以此展现人所独具的形体魅力。

行为举止的好坏美丑，除了对一个人的身体健康有着很大影响外，对人的心理状况也有着一定的影响。从某种意义上讲，人的行为举止也是一种语言，尽管它是无声的，但有时比有声的言语更富表现力。

同一个人在不同场合会有不同的身体姿势，或静或动，或快或慢；同一种姿势在不同的时间、不同的人面前也会有极其细微的差别。这种种变化都代表着寓意各异的信号，向人们传递着不同的信息。行为举止的变化，最终还是由人的心态变化所引起的，任何一种举止行为都毫不掩饰地反映了人当时的某种心理状态和一个人的内在素养。

举止行为是人内心活动的一面镜子。从人们在日常生活中的所作所为，就可以推知其有无教养。人们对一个人的评价，往往就来源于对他一言一行、一举一动的观察和分析。在生活中处处故作姿态、装腔作势是没有必要的，也是不可取的。但是，生活小事中的举止行为稍有不慎，也会造成全盘皆输。优雅、大方的举止行为是人体动态美和静态美的造型，它来自人的本身。

（2）几种常见的人体姿势

在日常生活中人的身体可呈现出多种姿态，如站、躺、卧、屈膝、直立等。但就一般而言，人在公众场合常常以站、坐、走等姿势与活动作为自己的基本造型。不同的姿势有其不同的作用、不同的表现，反映着人的不同心态，同时也会给他人以不同的印象。为了使自己的形象更出色，人们应养成注意行为举止的好习惯，无论是站姿、卧姿还是其他人体姿势，都要做到端庄大方。

第一，站姿

站姿是人的静态造型动作，是其他人体动态造型的基础和起点。优美的站姿能显示个人的自信，并给他人留下美好的印象。挺胸，双肩稍向后放平；梗颈、收颌、抬头；双臂自然下垂置于身体两侧，或双手向前相搭放置小腹前。

站立时要防止身体东倒西歪，重心不稳，更不得倚墙靠壁，一副无精打采的样子。另外，双手不可叉在腰间或环抱在胸前，貌似盛气凌人，令人难以接受。

第二，坐姿

与站立一样，端庄、典雅的坐姿也能表现出一个人的静态美感。正确坐姿的基本要领为：上体直挺，勿弯腰驼背，也不可前贴桌边后靠椅背，上体与桌、椅均应保持一拳左右的距离；双膝并拢，不可两腿分开；双脚自然垂地，不可交叉地伸在前，或腿一前一后伸出，甚至呈内八字状。双手掌心应向下相叠或两手相握，放于身体的一边或膝盖之上，头、额、颈保持站立时的样子不变。坐着谈话时上体与两腿应同时转向对方，双目正视说话者。

第三，步态

如果站姿和坐姿被称作是人体的静态造型的话，那么，步态则是人体的动态造型。步态，即行走的姿势，它是运动之美。走路，每个人都会，但如果想走出风度、走出优雅、走出美来，则要靠平时的练习与注意。

古人说："行如风。"要求人们走起路来像风一样轻盈，就是应做到：两眼平视前方；抬头含颏梗脖；上体正直，收腹、挺胸、直腰；身体重心落于足的中央，不可偏斜。迈步前进时，重心应从足的中间移到足的前部；双臂靠近身体随步伐前后自然摆动；手指自然弯曲朝向身体。行走路线尽可能保持平直，步幅适中，两步的间距以自己一只脚的长度为宜。

第四，其他动作姿态

①当拾捡掉落的东西或取放在低处物品时，最好走近物品，上体挺直，单腿下蹲。这样既可轻松自如地达到目的，又能展示优美的体态。那种直腿弯腰翘臀或双腿下蹲的取捡物姿势都是不可取的。

②上楼或下楼时，上体均应保持直挺，且靠右行，勿低头看梯，双眼应平视正前方。落脚要轻，重心一般位于脚的前部，以求平稳。

③要进轿车时，一定要先侧身坐于车座上，而后将双腿、脚同时挪入车门，再将身体调整好，安坐待行。下车时，亦应将双腿先行移出，再侧身出来。错误而且极不雅的姿势莫过于先低头钻进车内，弯腰翘臀，然后双脚轮流跨入，如同爬行；下车时也是先探头后钻身出车。

不正确的动作姿态从个人礼仪角度分析，会影响到一个人自身形象以及别人对你的总体评价。总之，对个人来说，保持良好的人体姿势将受益终身。

（3）个人举止行为禁忌

在行为举止方面，要想养成好习惯，还需要有所禁忌，也就是常被人称之为"小节"的动作举止。"小节"虽小，但它们不仅是影响人体整体形象的主要因素，而且是构成个人公德观念的重要内容。因此，人们不可将这些视为毫末小事，而应给以足够的重视。

①在众人之中，应尽量避免从身体内发出各种异常的声音，如咳嗽、打喷嚏、打哈欠等均应侧身掩面再为之。

②公共场合不得用手抓挠身体的任何部位。从文雅起见，不要当众抓耳搔腮、挖耳鼻、揉眼、搓泥垢，也不可随意剔牙、修剪指甲、梳理头发。若身体不适非做不可，则应去洗手间完成。

③公开露面前，须把衣裤整理好。尤其是出洗手间时，外观最好与进去时保持一致，或更好才行，边走边扣扣子、边拉拉链、擦手甩水都是失礼的。

④参加正式活动前，不宜吃带有强烈刺激性气味的食物（如葱、蒜、韭菜、洋葱等)，以免因口腔异味而引起交往对象的反感。

⑤在公共场所里，高声谈笑、大呼小叫是一种极不文明的行为，应避免。在人群集中的地方特别要求交谈者放低声音，声音的大小以不引起他人注意为宜。

⑥对陌生人不要盯视或品头论足。当他人进行私人谈话时，不可接近。他人需要帮助时，要尽力而为。见别人有不幸之事，不可有嘲笑、起哄之举动。自己的行动妨碍了他人应致歉，得到别人的帮助应立即道谢。

⑦在人来人往的公共场所最好不要吃东西，更不要出于友好而逼着在场的人非尝一尝你吃的东西不可。爱吃零食者，在公共场所为了维护自己的美好形象，一定要有所克制。

⑧感冒或其他传染病患者应避免参加各种公共场所的活动，以免将病毒传染给他人，影响他人的身体健康。

⑨对一切公共活动场所的规则都应无条件地遵守与服从，这是最起码的公德观念。不随地吐痰，不随手乱扔烟头及其他废物。非吐非扔不可，那就必须等找到垃圾桶后再行动。

⑩在大庭广众之下，不要趴在或坐在桌上，也不要在他人面前躺在沙发里。走路脚步要放轻，不要走得咯咯作响。遇到急事时，不要急不择路，慌张奔跑。

不良的行为举止，除了令人生厌外，还从根本上与良好的个人礼仪相悖。因此，在日常生活中人们要做到有则改之，无则加勉。

端庄大方的行为举止，往往可以体现出一个人的修养与内涵，而保持端庄的行为举止则需要养成一个好习惯，只有在好习惯的作用下，才能给予你接触过的人留下良好的印象。给人们留下好的印象，这对自己将来的发展有很大的帮助。

5. 称呼恰当，别不把称呼当回事

在日常交际应酬中，称呼是礼仪的开始，是打开沟通大门的钥匙。称呼是联系彼此的纽带，每个沟通的开始都是从称呼起步的。要想在称呼上打动别人，就必须讲究一定的分寸，只有恰当的称呼才能拉近彼此间的距离。

称呼，就是对他人的称谓。怎样称呼他人，既体现出礼貌问题，又体现了对待他人的态度，同时也反映了与被称呼者的关系远近程度。所以，在社交应酬中一定要掌握好称呼的艺术。

由于国度不同，对待称呼的态度也不同，例如：美国人习惯性地直接称呼父母的姓名，这对有着几千年传统的中国人而言是不可思议的。中国是闻名世界的礼仪之邦，恰当的称呼是尊敬的表现，所以，人们在称呼他人时应养成好习惯，本着称呼恰当，讲究分寸的原则行为处事。

（1）亲朋间的称呼

对于长辈来说，应以亲属称谓去称呼他们，如爷爷、奶奶、爸爸、妈妈、姥爷、姥姥、姑姑、舅舅等。这时如果直呼其名就显得很不礼貌了，亲戚间的关系也会因此受到影响。对平辈来说，可互称其名或用亲属称谓如哥哥、妹妹、姐姐、弟弟等。夫妻俩，可互道姓名，还可以用昵称，但应注意场合，在父母、孩子面前和公开场合最好不要使用。对晚辈可称呼其亲属称谓，当然直呼其名也是可以的，这样显得更加亲切。

（2）对熟人的称呼

针对关系的密切程度，大致可按照熟人的性别、年龄、身份等来确定称呼，如"王奶奶"、"李叔叔"、"肖哥"、"刘姐"等。

在正规的场合，可称熟人的职务、职业，或"姓加职务、职业称谓"、"名加职务、职业称谓"、"姓名加职务、职业称谓"等，如"李科长"、"肖队长"等等。

辈分、职务较高的人对年纪较轻、职务较低的小辈称呼姓名，这样的称呼显得亲切、明快。反之，辈分小、职务低的对辈分高、职务高的人直呼姓名，则显得非常没有礼貌，没有家教。

（3）陌生人之间的称呼

陌生人之间的称呼，一般有以下两种方式：

①根据人的具体年龄、性别、职位称其为"同志"、"朋友"、"先生"或"小姐"等。对男人可称为"先生"。对未婚女性可称为"小姐"，已婚女性可称为"夫人"、"太太"。如果称未婚女子为夫人，那么对方肯定会认为你在侮辱她，这是一种极不尊重的称呼。所以，宁可把"太太"、"夫人"叫作"小姐"，也不能反过来称呼。

②可以用亲属称谓相呼。根据与对方的关系、性别、年龄等情况相称。如"大伯"、"阿姨"、"叔叔"、"老爷爷"、"大嫂"、"大姐"、"大哥"等。

与人相处时，本着称呼恰当，讲究分寸的原则，这本身就是一个非常好的习惯。一声亲切的称呼，一句良好的问候，一下就拉近了彼此的距离，消除了沟通的障碍。所以，千万不要小看日常交往中的称呼，要时刻注意称呼是否恰当，讲究一些方式方法，让称呼发挥出最大的作用。

养成对人称呼恰当的好习惯，可以拉近彼此的距离，很容易和对方沟通，留下很好的印象，这对自己将来的发展，会有意想不到的好处。

6. 笑脸不花钱，神仙也怕笑脸人

笑脸是最好看的，而"真诚的笑"是天底下最美的表情，因为笑代表着友善、真诚，是每个人都希望看到的。所以，人们要养成微笑的好习惯，把微笑挂在脸上。

"逢人面带三分笑"，萍水相逢的陌生人也能变成知己。微笑可拉近双方距离，传达彼此的盛情美意，俗话说得好："相互一笑泯恩仇"，可见微笑的重要作用。

一个人的修养、素质，不仅体现在言谈举止、穿着打扮上，还体现在他的一颦一笑中。而面带微笑的人则受人欣赏、欢迎。

人是感情动物，笑是人的本能，真诚的微笑可以缩短人与人之间的距离，也可以带动别人的情绪。当你走在大街上，迎面一个陌生人向你微笑时你的感受是什么？是否感觉到有一种无形的力量在推着你跟他接近？换一个角度讲，如果你看到的不是面带微笑的人，取而代之的是一张阴沉的脸，你的感受又会怎样呢？恐怕原本高涨的情绪也会随之低落下来。此时，你是选择与他接近还是疏远呢？其结果不言而喻。

当你跟朋友吵了一架之后，忽然有一天见面时，你给他送去真诚的一笑，之前的愁云自然烟消云散；对方再还你一个友善的微笑，双方一定可以和好如初。倘若双方见面时，你摆着一副"苦瓜脸"，矛盾不但不能化解反而还有激化的可能，对方会认为你心胸狭窄，不懂礼貌。

的确，微笑就是有如此大的魅力，它不仅可以影响自己也能感染他人，可以消除人与人之间的隔阂、误会。俗话说：微笑是两个人之间最短的距离，生活中离不开笑，一个没有笑的世界简直就是人间地狱。

同样幸福来自笑容，健康来自笑容。微笑是生活中不可缺少的一部分，人们必须养成微笑的好习惯，这样才能为生活增添色彩，使他们保持一份好的心情。

与他人交往时，不妨加点微笑，因为这是联络双方感情最有力的工具，只要你笑得真诚，笑得和善就能叩开他人的心扉，感受到人与人之间的真情与美丽。

（1）微笑使你在交际中游刃有余

在社交活动中，微笑是最美的礼仪。它不仅可以使人变得亲切、容易接近，真诚的微笑还可以缩短双方的心理距离，缓解气氛、促进交流，并且还相当于投资了一个高利润、无风险的项目。给他人以极好的印象，就有了成为朋友的基础，因为任何人都不会拒绝别人真诚的微笑，都愿意和真诚的人打交道。

不管在商务交流中，还是职场交往中，微笑已经成为代表和平、友好、关怀、问候的信号。有了微笑，萍水相逢的陌生人可能成为无话不谈的知己；有了微笑，相互憎恶的仇人可能成为至交；有了微笑，感叹世态炎凉的人可能会感觉到爱的温馨。

微笑是最好的仪态礼仪，是人们需要养成的好习惯，也是送给别人最好的见面礼。它以真诚、宽容、信任、礼貌、友好、亲切等为内涵，为人们的交往搭设桥梁。

（2）微笑的礼仪要求

微笑是生活中不可缺少的面部表情，是礼貌待人的具体体现。微笑可以使人心旷神怡，神采焕发。

既然微笑的作用如此巨大，这就要求人们在养成微笑的习惯时要掌握一些具体的方式方法，真诚的微笑、发自内心的微笑才是生活中需要的微笑。

发自内心的微笑、真诚的微笑，才是最美的笑容。自信、善良、可亲等因素才能在微笑中体现出来，人们才乐于接受，才能对你产生信任感，而牵强、虚假的微笑不但不能表现出微笑的美，反而让人生厌，从而对你产生看法，失去信任，影响个人整体形象。

下面是几种不提倡的笑的方式

（1）假笑

所谓假笑是指皮笑肉不笑，这种笑不但不能产生好的作用，反而会影响个人形象，别人会认为你是个伪君子，所以在微笑时千万要杜绝皮笑肉不笑的情况发生。

（2）冷笑

所谓冷笑是指面带怒意、讽刺的笑，这种笑表现出的是轻狂、自大，失去了微笑的作用。

（3）怪笑

所谓怪笑顾名思义是指阴阳怪气的笑，这种笑充满恐吓、嘲讽的意味，令人心里不舒坦，继而产生厌烦。

（4）媚笑

所谓媚笑指的是阿谀奉承、溜须拍马式、具有一定目的的笑，这种笑令人顿起鸡皮疙瘩，警惕心大增。

（5）窃笑

所谓窃笑指背地里偷笑，这种笑免不了幸灾乐祸、洋洋自得之嫌。

我们要杜绝以上几种不真诚的微笑，要做一个真诚的人。

做一个真诚的人，就是要真情地付出，不是虚伪地应付。要用真情来付出，用发自内心的、真诚的微笑来对人，这样做才能真正赢取别人对你的好感，赢得好印象，从而有成为朋友的可能，为将来双方继续合作打下了基础。因此我们要养成对人微笑的习惯，真诚的微笑是善意的标志，是最好的仪态礼仪，是人们需要养成的一种习惯。

7. 礼貌谦让，为人处事让三分

相互礼让是一种美德，是讲礼仪的重要表现形式，礼貌待人，给人以温馨的感觉，这是每个人都应该养成的好习惯。日常生活中，有了礼让，人与人之间将更加和谐，大叹世态炎凉的人，也将体会到人间真情。

无论走到哪里，有礼貌的人都会受到人们的欢迎。谦让也是同样如此，都是人的一种美德，在生活中我们要培养好的习惯，摒弃不良习惯。在这些美德中人与人之间的真情就会体现出来。

李少宁的表哥第一次从香港来内地，李少宁开车去机场接他。一路上，李少宁热情地和表哥聊家常，可表哥的态度却很冷淡，时不时地哼哈应两句，从不主动说话。李少宁感到这样很无聊，也不再说话了，继续前行。

车子进了市区后，路上的行人和车辆多了起来。李少宁驾着车不断地按着喇叭在车水马龙的大街上穿梭着。表哥不停地看他，并不时地皱皱眉头，但是没说什么，李少宁也没在意，继续开车。

这时，前面有一个妇女正领着一个小孩子准备过马路，李少宁并没减速，而是猛地一加油门，从她们面前冲了过去，并得意地自言自语：小样儿，和机动车较劲!

表哥对李少宁说:"让她先过嘛,一个女人领个孩子,路又这么窄,万一碰上怎么办呢?"李少宁听完一想,表哥的话的确有道理,脸上觉得有些发热,尽管表哥没再说什么,但心里多少有些不是滋味。

这时,表哥转过脸对李少宁说:"后面有个鸣笛的'120',咱们先靠到边上去,让它先走。"原来表哥早就注意到后面这辆鸣笛的"120"了,李少宁也没说话,向外一打轮让过救护车,透过"120"的车窗,李少宁隐约看到一个医护人员手里举着吊瓶。

表哥前后看了看说:"这附近有没有停车场?咱哥儿俩下车抽根烟,聊会儿天。"李少宁不知他什么意思,正好前面的小广场有个停车场,李少宁慢慢地把车滑到了停车处。

表哥掏出一盒烟,递给李少宁一支,自己也点上一支,他摇下车窗向外吐了口烟,拍拍李少宁的肩头说:"老弟,驾龄几年了?"

"没多久,6年。"

"还可以,车技不错。"

李少宁呵呵一笑:"还凑合。"

二人抽着烟,不着边际地聊着,表哥跟李少宁讲他在香港的生活,然后又谈起这座城市的情况。慢慢谈到了这个城市的交通,李少宁说:"路窄人多,常有交通事故,地方小,没办法。"而表哥却说:"城小道窄,倒别有小家碧玉的风情,不过,路窄人心宽,这是我们那里的一句老话。"

"路窄人心宽?"李少宁颇有所悟!

表哥接着说:"不是吗?急促地按喇叭,飞快地超车,有时并不是为了赶时间,只是图个潇洒,如果放慢速度,不仅安全,还可以欣赏沿途风景,岂不是一举两得,开车也是一种文明和礼节,这么美丽的城市,如果没有了噪音、谩骂、交通事故……岂不更美?"

李少宁听了,脸不由自主地红了,也知道自己以后该怎么做了,内心里感激表哥的提醒。

做人要有礼貌,路窄人心宽,多一些谦让,少一些争吵;多一些礼节,少一些谩骂;多一些关爱,少一些淡漠。这样,社会就会变得更和谐,人与人之间的关系也就更融洽了。

在这个世界上，我们应该多些礼貌，多些谦让，有了这些，生活可以更加美好，而自己养成这些好习惯后，心情也会变得愉悦、开朗。

8. 多读书，脑子里有知识胜过兜里有货

愈探愈出，愈研愈入，愈往而不知其所穷。多读书还会提高自己的知识水平，还能开阔视野，在与人交往时会显得有修养、有气质，所以要养成多读书、勤读书的习惯。

读书可以让我们有自己的思想，对这个世界有独到的认识，读书可以让自己显得有气质，苏轼有诗云"腹有诗书气自华"。

要想做一个有渊博的学识、独到的见解、优雅的谈吐的人，就必须要有知识，要学习，要读书。因为知识可以垫起我们成功的双脚。

要想做一个成功的人就必须多读书，没有见过哪个见识短浅的人可以有所成就。要想有所学识，就必须一直读书，注重读书，同时善于读书，要有终身学习的想法。这样才能在竞争激烈的社会中立于不败之地，做一个由表及里的人，一个真正的人才。

读书可以补充我们的能量，天底下没有几个人是天才，非学无以成才，读书是知识积累的最好方法，书是人的精神食粮，只有精神世界丰富的人才可以有所作为。

为什么这样说呢？书虽然是一种没有声音的东西，但是它对我们的影响却是非常深远，如果你经常阅读各行业成功人士的传记或者是自传并通过静心的思索，你就有可能从中找出适合自己的成功之路。成功的路不可以模仿，但可以借鉴。

俄国著名的学者赫尔岑说过："书是和人类一起成长起来的，一切震撼智慧的学说，一切打动心灵的热情都是在书里结晶形成；书本中记述了人类生活宏大规模的自由，记述了叫作世界史的宏伟自传。"

书籍中蕴含着千百年来人类的智慧与理性，正因为其中的人性之处，才使得一些书伟大，灿然有光。书籍是一种工具，它能在黑暗的日子里鼓励你，使你大胆地走入一个别开生面的境界，使你适应这种境界的需要。

金圣叹说过："天下才子必读书。"

读书，是你事业的必由之路，是你走向成功的钥匙。人有了知识以后，会从言谈举止中不自觉地流露出来，给人的形象增色不少，谈论起来，还能引经据典，让人刮目相看。

伟人之所以能成功，与他们的坚持学习，渴望得到新知识不无关系，他们几乎还有一个共同点，就是喜欢读书，广泛地阅读。鲁迅几十年如一日的保持着勤奋读书的好习惯，他平时除了写作外，就是读书，当他感到累了或困了就靠在藤椅上翻翻报纸、看看杂志，把读书当作了一种休息与娱乐。

即使在鲁迅逝世的那一天，在他呼吸十分微弱，血压反常的情况下，他还向许广平要了一份当天的报纸，对上面的消息和文章作了详细地阅读。

曾国藩熟读《二十三史》，对中国历史十分熟悉，从历史中有不少自己的体会，对自己有很大的帮助作用。

读书是列宁坚持一生的习惯，哪怕在沙皇的监狱中他也不忘读书，他曾在彼得堡被关押了14个月，在这14个月之中，他利用监狱图书馆读了14个月的书，他一边读书，还一边收集各种资料进行研究。

因此想要让自己有所成就，就要多读书，从书中的人物那里激励自己，让自己做个有思想的人。

第二章　调整好心态，心态决定一切

——改掉消极处世的习惯

心态对人的发展具有非常大的作用，良好的心态可以助人成长，而不良的心态可以毁掉一个人。可以说心态能决定人的一生。要想让自己有所成就，就必须有良好的、正确的心态。

1. 雅量容人，别人快乐自己也快乐

生活中，一些人对什么事都看不惯，总喜欢斤斤计较，认死理，因此养成了过于挑剔的坏习惯。没有人愿意与这样的人打交道，这对工作、生活、办事制造了无形的障碍。做人就要做个受人欢迎的人、做个有好人缘的人，而这就需要培养包容的好习惯。

做人是一门学问，是一门用毕生精力去探索的大学问，许多人都想洞悉其中原委，试图领悟到人生真谛。然而人生的复杂性使人们不可能在有限的时间里，洞察人生的全部内涵，所以人们对人生的理解和感悟往往局限在某件事情上，这正是有人活得潇洒，有人活得很累的原因所在。

做人固然不能玩世不恭，游戏人生，但也不能太斤斤计较，认死理。太斤斤计较了，就会对什么都看不惯，连一个朋友都容不下，把自己同社会隔绝开。镜子很平，但在高倍放大镜下，就成凹凸不平的山峦。肉眼看似很干净的东西，拿到显微镜下，满目都是细菌。试想，如果我们"戴"着放大镜、显微镜生活，恐怕连饭都不敢吃了。再用放大镜去看别人的毛病，恐怕别人就罪不容赦、无可救药了。

人非圣贤，孰能无过。与人相处就要互相谅解，求大同存小异，有肚量，能容人，你就会有许多朋友，且左右逢源，诸事遂愿；相反，与人相处事事斤斤计较，认死理，过分挑剔，容不得人，那么人人都会离你远远的，最后只能落得关起门来"称孤道寡"，成为使人避之唯恐不及的异己之徒。古今中外，凡是有所成就的人都具有一种优秀的品质，那就是能容人所不能容，忍人所不能忍，善于求大同存小异，团结大多数人。他们有宽阔的胸怀，豁达而不拘小节，大处着眼而不会目光短浅，从不斤斤计较，纠缠于非原则的琐事当中，所以他们才能成就自己，做大事、立大业，使自己成为不平凡的人。

烦心之事没有多少真正值得烦心，只有傻瓜、庸人才会对小事耿耿于怀，超脱豁达是人生的一大法宝。

吴晓爱斤斤计较，总抱怨家附近的副食店卖酱油的售货员态度不好，像谁欠了她多少钱似的。后来同事的妻子打听到了女售货员的情况：原来，她和丈夫离婚了，老母瘫痪在床，上小学的女儿患哮喘病，而她每月只能领到五六百元的工资，全家挤在一间15平方米的平房里。难怪她一天到晚愁眉不展。这样一来，就不能太苛求那个售货员了，吴晓爱对她再也没什么意见了。

人生如此短暂，要做的事情太多了，何必为这些令人不愉快的事情浪费时间呢？人应该知道什么时间自己该干什么、不应该干什么，知道什么事情应该认真对待，什么事情可以不屑一顾。在生活上，在工作上都应该表现得豁达，看得长远。不应斤斤计较，对待人和物都要持包容的心态。

少些计较，多些包容，就会发现生活是如此的美好。心中不再想那些烦心的事情，眼中看到的也就多是快乐的事。少些计较，多些包容，就会发现身边的朋友是如此的多，当自己遇到难题或困难时，朋友们都来伸出援助之手，出现的问题很快就会被解决。

所以，让我们变得少些计较，多些包容，享受生活原本的快乐不去为小事而计较。生活、事业也都会变得顺心，顺利。

这样，在人生路上才能谱写出快乐的人生乐章。

2. 欲望是无底洞，唯有知足常乐

知足常乐，是一种心境；知足常乐，是一种生活态度。生活中如果有知足常乐的和平心态，那么就会少很多无谓的烦恼，会让自己有更多的精力和时间去处理生活中的要紧事。

知足常乐，就是要看到自己现在所拥有的，并且感受到所拥有的给自己带来的快乐。知足常乐就是不要盲目地和他人攀比，自己所拥有的也是他人所没有的。

有一则格言是这样说的：如果折断了一条腿，你就应该感谢上帝不曾折断你的另一条腿；如果折断了另一条腿，你就应该感谢上帝没有折断你的脖子；如果折断了脖子，你就没有什么可再担忧的了。所以，我们应该把不幸看作是我们进入另一种美丽的契机，是人生另一种意义上的丰富和充实。

因此，不要再去羡慕别人，只要我们细细地清算上苍给你的恩典，你会发现生活中拥有的绝对比没有的要多，而缺失的那一部分，虽不可爱，却也是你生命的一部分，接受它且善待它，你的人生会快乐豁达许多。

有句话说得好：你能改变它吗？不能，那么就接受吧。要么改变，要么接受，只有两个选择，而你已经不能改变就只能选择接受。

法国一位著名作家向他的读者说过："这辈子所结交的达官显贵不知多少，他们的功绩实在都令人羡慕，但深究其里，每个人都有一本难念的经，甚至苦不堪言。"如果你拥有平和的心态，你就拥有了你辉煌的人生。当你体会到了这一点，你就不会为你所欠缺的那一小部分而和别人做无谓的比较，反而会更加用心地珍惜自己所拥有的一切。

一个人在心态上找到了平衡的支点，就会珍惜自己所拥有的，他就不会在挫折面前迷失自我，也不会在前行中产生懈怠的心理。总之，他的生命中肯定有那么一些东西，能让他透过生活中的痛苦，看到生活美好的一面。

一位著名的男高音歌唱家，30多岁的时候就已经非常出名，而且家有娇妻、孩子，似乎这一切都是上天给他的恩宠。

一次演出结束后，当歌唱家和妻子、儿子从剧场里走出来的时候，立刻就被早已等在外面的观众团团围住。人们兴奋地与歌唱家攀谈着，其中不乏赞美和羡慕之词。有的人恭维歌唱家年纪轻轻就开始走红，成为家喻户晓的人物；有的人恭维歌唱家有个好家庭，妻子美丽大方，孩子又是个活泼可爱、脸上总带着微笑的男孩儿……

歌唱家认真地听着这些热心人的赞美之词，并没有打断他们的议论，来表示自己的观点。等人们把话说完以后，他才和缓地说："也许你们知道的只是一个方面，还有另外的一些事情你们不知道。被你们夸奖为活泼可爱、脸上总带着微笑的这个小男孩儿，是一个不会说话的哑巴。而且他还有一个姐姐，是长年只能躺在床上的脑瘫患者，其实你们夸大了我的成功，我也有不幸的一面。"

歌唱家的一席话使人们十分震惊，大家你看看我，我看看你，都被这个事实惊呆了，大家很难接受这个事实。这时，歌唱家又和缓地说："这一切恐怕只能说明一个道理，那就是上天对你我都是非常公平的。"

在现实中，我们总认为别人的一切都是十全十美的，唯独自己成了上帝的弃儿,不能达到顺心满意,因此我们总是对自己耿耿于怀,不能看到别人的不幸和痛苦。但实际上并不是这样的,我们没有看到,并不代表没有。

若没有苦难,我们会骄傲,没有沧桑,我们不会用心去安慰不幸的人。我们不能阻止不幸发生在自己身上,失败已成定局,再怎么悲伤也无济于事,如果我们选择积极的态度去面对失败后的不幸,那我们将是最幸福的人。

知足常乐,在金钱方面也同样如此,不要去羡慕他人有多少金钱,也不要计较自己的穷富。不去盲目攀比,也就生活得平和。

有个乡下的小孩,大家都叫他傻子,因为他永远选择5毛,而不选1元。有一个外地人不相信,就拿出两个硬币,一个1元,一个5毛,分别放在两只手里,叫那小孩任选一个,结果那个小孩真的挑了5毛的硬币。围观的人看得哈哈大笑,非常开心。那个外地人觉得非常奇怪,便问那孩子:

"难道你不会分辨硬币的价值吗?"

"不是的!"孩子小声地说:"我只需要5毛钱就足够了,它足以让我买到我想要的东西了。"

这个"傻子"其实才是最聪明的人。如果他贪得无厌,选择了1块钱,这件事就变得"不好玩"了,也没有人愿意继续跟他"玩"下去,而他得到的,也只有1块钱。但他因满足当前状况只拿自己需要的5毛钱,就不会因贪婪而去苦恼,同时还能得到更多。虽然这只是一个故事,但它说明一个问题,知足常乐可以使人获得意想不到的收获。

知足常乐,以平和的心态对待生活,消除攀比的坏习惯,便能享受到生活对你的馈赠,享受到生活中的快乐和幸福。你的生活是你的,你的幸福也是你的。不要因攀比而让自己失去原有的生活乐趣。

3. 遇到打击要振作,自轻自贱难出头

坎坷的人生之旅中,没有一个人是顺风顺水的,即使遇到打击也绝不能破罐子破摔,要养成坚强的好习惯。

心态对一个人的发展非常关键，甚至可以说左右着自己的人生。我们要调整好自己的心态，无论遇到好或坏都要坦然面对，养成内心坚强的好习惯。

有一个外企的女职员，在大学读书的时候，是一个非常自信、从容的女孩。学习成绩在班级里是出类拔萃的，相貌也是出众的，追她的男孩子也特别多。

毕业以后，她进入了一个外企，成了一名外企职员。在那儿干了一个月之后，以前认识她的人惊讶地发现，原先十分活泼开朗的她，竟像换了一个人似的，不但说话变得羞羞答答了，连做事也变得畏头缩尾，而且说起一些事情来，总是显得特别胆怯，和大学时候的她形成了鲜明的对比。

每天上班前，为了穿衣打扮她常常要比别人早起两个小时，她之所以这么做，是怕自己打扮不好，而遭到同事或上司耻笑。

在工作中，她更是战战兢兢，小心翼翼，以至到了谨小慎微的地步！是什么让她有如此明显的变化？为什么原来活泼自信的她，参加工作以后就变得自卑了呢？

其实，原因十分简单，是因为她不能承受工作中的打击。有一次，经理要她将一份文件送到经理室，由于行动匆忙，她将文件搞混了，当时，经理用严肃的态度告诉她做事要细心，女孩敏感地把经理的提醒当成了批评，从而做起事来畏首畏尾，生怕做错事。

还有一次，经理要女孩陪同见一位很重要的客户，女孩因为穿着不当遭到了经理的指责，这就是女孩比别人早起两小时用在穿着打扮上的主要原因。

女孩的这种表现，在心理学上属于后天的认识性自卑，也就是说，主要原因在于她的认识——她对周围环境的认识、对工作的认识、对同事与上司的认识，更主要的是对打击的认识。

受到经理批评后，女孩不敢正视别人的目光，生怕看到别人鄙视的神情。听到经理的传唤，也显得神经兮兮，每次向经理汇报工作时都非常谨慎，就这样，她的精神时刻处于极度紧张的状态中。

终于有一天，女孩无法承受这种精神折磨了，她开始消极怠工，对待工作也显得漫不经心了，以往的闯劲也不知哪去了，过了没多久，女孩收到了公司的解聘书，无奈之下离开了这家公司。

这个女孩的心态是不正确的，无论在工作中还是生活中，遇到一些挫折、打击都是在所难免的，我们不是圣人，不可能每件事都做得十全十美。在遇到挫折、打击时，首先要摆正心态，千万不要产生破罐子破摔的心理，应主动地承担压力，把自己犯下的错误及时改正，从哪摔倒就从哪里爬起。

许多年前在美国曾流传着这样一个故事：有一位16岁的小伙子，在一家著名的五金公司当收银员，每个月领着极微薄的薪水，但仍然心满意足地卖力工作，因为他希望能通过脚踏实地的工作，使自己步步高升，实现自己的理想。

所以他做起事来，永远抱着学习的态度，处处小心留意，想把工作做得更完美。他希望能够获得经理的赏识，提升他为推销员。谁知经理对他的印象却恰好相反。

有一天，他被唤进经理室，经理对他说："老实说，你这种人根本不配做生意，但你的臂力健硕无比，我劝你还是到铁厂里当一名工人吧！我这里用不着你了。"

一番接近侮辱性的训斥，对于那位年轻的小店员来说，如平地响雷，没想到自以为做得不错的他，会得到这样的结果。年轻气盛的人，踏入社会不久，便遭受这样严重的打击，换了任何人都承受不了。他们一定会被气得暴跳如雷，从此做起任何事情，都抱着消极的态度，不肯"劳而无功"了。

但那位青年并没有这样做，他虽被辞退，但仍有自己的理想。他要在被击倒的地方重新爬起来，争取更大的成绩。

他对经理说："是的，经理，你有权将我辞退，但你无法摧毁我的意志，你说我无用，当然，这是你的自由，但这丝毫不能减少我的自信，看着吧！迟早我要开一家公司，规模比你的大10倍。"

他并没有吹牛，说的句句是实话，虽然在那家五金公司跌倒了，但他把这次打击当成激励，从此更努力上进，几年后，果然有了惊人的成就。这个人就是鼎鼎大名的美国玉蜀黍大王史坦雷先生。

通过史坦雷先生的工作经历，我们可以看出：当他遇到残酷的打击时，并没有因此而停止不前，也没有像上述那个女孩一样就此垂头丧气，更没有磨灭心中那顽强坚韧的精神，反而是更加坚强，也正是如此，他获得了成功，取得了显著的成就。

由此可见，在人生旅途中，面对打击时要以平常心态对待，要培养坚韧向上的精神，在挫折面前越挫越勇。成功者并不是没有遇到挫折，但是他把挫折当成前进道路上的垫脚石，自信"我能行"，屡败屡战，于是他成功了。

内心坚强、坚韧拼搏的人数不胜数。美国汽车公司总裁伍德先生也是其中一员。他出身国会议员，仗着从前在国会演说时，常常博得听众拍手喝彩，便认为自己是一个能言善辩的演说高手，为此自满自足，洋洋得意，因此闹出了笑话。

有一天晚上，他同往常一样，神采奕奕地登台演说，对象是一群目不识丁的煤矿工人，而且其中多半是来自国外，对英语茫然不懂，然而，那天演讲台前仍旧被人们挤得水泄不通，其中有的是慕名而来，有的是被迫前来受教。伍德看到这种空前盛况，愈发以为自己的演说确有惊人的魔力。当演讲进行时，听众席中不时会爆发出雷鸣般的掌声，于是他愈加兴奋，将音量放大，尽量发挥他的"天才"。

演说结束后，伍德满面春光，洋洋得意地走下演讲台，对身边的一位新闻记者说："我的演说还算不错吧！他们似乎都听得入迷哩。"新闻记者冷冷地答道："你或许不知道，听众懂得英语的只有三五个人。"

伍德大失所望，记者的话使他大受打击，他半信半疑地说："那他们为什么常常为我鼓掌喝彩呢？"

新闻记者说："你演说时没有注意到吗？那些为你拍手喝彩的人们，都是由一个懂英语的工头从中领导指使的。"

后来第二个人上台演讲时，伍德仔细观察台下情形，果然跟那位新闻记者说的一样。而且那个指挥的人，显然不太高明，遇到不应拍手的时候，也带领群众狂热地拍起手来。后来伍德和其他人谈起这事时，说："从那次以后，我才开始怀疑自己的演说水平，重新审视自己的态度，再也不敢妄自夸大了。"

不过，伍德并没有因那次演讲所闹出的笑话而失去信心，他通过坚韧的毅力，不断完善自己。从那次演讲中吸取了经验教训，不断提高自己的演讲技术，改正自己的不足，最终成了一名出色的演说家。伍德的例子说明有了问题不要怕，要敢于正视自己的不足，尝试着接受它，改掉它。通过学习、让他人帮助，把自己的不足改掉，重新树立起自己的信心，微笑着面对生活。

在工作中，每个人都会遇到这样或那样的压力甚至是无情的打击，关键看你怎样去对待它们，如果能用坚韧的心态加以处之，结果定会柳暗花明，反之则可能一败涂地。因此，坚韧便成了一种战胜困难的有力武器，培养坚韧的好习惯也成了当务之急。

人们都听说过这样一句名言："失败是成功之母。"其实，生活中的挫折、打击也是获取成功前的必然经历。遇到打击，人们没有必要失意沮丧，只要把它当作成功前的历练就可以坦然面对了。

4．改掉自私自利的习惯

古语说："人之初，性本善。"是在告诉人们，人的本性是善良的，但是随着经济的快速发展，竞争越来越激烈，自私自利开始冲击人们善良的本性。在这种情况下，人们必须懂得克己自律，排除不良习惯，养成先虑人后虑己的好习惯。

自私自利对人的危害非常大。不仅会陷朋友于不利境地还失去他人的信任，正可谓害人害己。所以，做人要善良，有颗感恩的心，以感恩的心来对待这个世界，这样才能拥有和谐的人际关系。

无论在什么场合，都要注意避免自私自利的想法，凡事多为别人着想，这才是取得成功的基本保障。照顾到别人的感受、利益也是中华民族的传统美德之一，更是每个人必须养成的好习惯。

安东尼·罗宾谈起华人首富李嘉诚时说："他有很多哲理性语言，我都非常喜欢。"有一次，有人问李泽楷："你父亲是否教了你许多赚钱的方法呢？"李泽楷说："父亲没有教我赚钱的方法，只告诉了我做人应懂得的处世之道。"李嘉诚这样跟李泽楷说："与别人合作时，不能只想自己的利益，要本着先为别人着想的原则做事。"

也就是说：照顾到别人，让别人有利可图。每个人都知道，和李嘉诚合作不会吃亏而且有便宜可占，因此许多人都愿意与他合作。从表面上看，李嘉诚似乎有些吃亏，可实际上他赚到的更多。不妨想想看，虽然他在一个合作者身上赚到的利益比较少，但是将在10个、100个、1000个乃至上万个合作者身上赚到的利益集中起来，那将是一笔可观的财富。由此看来，先为别人着想确实对经商有很大的帮助。当然，先为别人着想这一原则不只是能应用在商界，在其他领域中同样适用。

安东尼·罗宾学到了李嘉诚先为别人着想的办事原则，每当与人合作时，一定利用这种思考模式，久而久之就养成了先为他人着想的好习惯，因此他的合作伙伴越来越多。

罗宾认为，天下没有卖不掉的产品，只有不会卖的商家。假如今天所有的事情都只是利益因素，或只要产品好就卖得出去的话，那天下就不需要任何营销人员了。在任何产品的营销中，人是最大的差异。比如迈克，他是一家信封公司的老板。有一次，他去拜访一个顾客，那个经理一看他就说："迈克先生，你不要来了。我知道你很有名、很成功，也很有钱，但我们公司绝对不可能给你下信封订单的，因为我们公司的老板和另一位老板有25年的交情，早在25年以前我们就和他开始了合作。你也不用再来拜访我，因为有43家公司的老板追访我三年都没有成功。所以，迈克先生我建议你不要浪费时间。"

但迈克没有放弃，他有的是办法，最独特的方法就是永远先为别人的利益着想。有一次，他发现这家公司采购经理的儿子很喜欢打冰上曲棍球，他又知道这个孩子最崇拜的偶像是洛杉矶一个退休的全世界最伟大的球星。后来，他得知这个孩子因出车祸住进了医院，这时，迈克觉得机会来了。他买了一根曲棍球杆并请那位球星签名后，兴高采烈地来到了医院。当他抵达医院后，孩子的父亲还没有到，那位采购经理的儿子问他是谁，他说："我是迈克，是给你送礼物来了。"孩子对他的礼物非常感兴趣，又问："是什么样的礼物？"他说："我知道你喜欢曲棍球，崇拜这位球星，这是一根他亲自签名的曲棍球杆。"不可思议的是，小孩兴奋得不顾脚疼，硬要下床，这时迈克说他的工作结束了。

结果，当孩子的父亲来到医院时发现儿子整个人都变了，本来低落的情绪现在荡然无存。他问儿子怎么回事，儿子将事情的整个过程说了一遍。

结果可想而知，这个采购经理和迈克签了400万美金的订单。是他先为他人考虑的做法，赢得了人心。觉得他是一个懂得尊重人的人，谁不愿意和这样的人打交道呢？

不要让自己被自私自利吞噬心智，要做一个懂得考虑他人利益的人。人是有感情的，每个人都懂得"投桃报李"的道理。所以，在做人、做事过程中，一定要把握好自己，不要让自私自利的念头蒙蔽了双眼，把先为别人着想的念头摆在心中首要位置，做任何事都要以此为准则，并将其当作一种习惯。

5. 多鞭策自己，少妒忌别人

嫉妒会使人的思想禁闭起来，一个人如果没有开放的头脑，那么他就不可能获取有益的经验，结果只有怨恨。由此可见，与其嫉妒别人不如鞭策自己，自己去努力，让自己进步。

人一旦嫉妒起来就会失去理智的生活态度。嫉妒的人以消极的人生观为基础，他们只允许自己好而不容许他人比自己好，所以这种心理常常给人际关系带来破坏性的影响。

嫉妒往往发生在自己最熟悉的圈子里，而不是陌生的地方。道理很简单，普通老百姓不会去嫉妒国家首脑所拥有的特权和亿万富翁获得的财富，但却无法容忍周围的人超越自己半步。有这种心理的人一旦发现别人比自己进步得快，运气比自己好，心中便涌出难以名状的不舒服感，说话也不自觉地尖刻起来，甚至还会做出一些小动作，到最后只能伤害到自己。

有的人因为嫉妒心作祟，当他们看到与自己有利害关系的人发生不幸的时候，往往会幸灾乐祸。

但是，人们往往忽略了他人在成功之前，可能付出的汗水与努力。因此，每个人都应该看到他人的优点，然后学习、努力，直至赶上他们，才是最好的选择。你要规划自己的人生，认识自己的工作，知道如何获得学习与成长的机会。与别人相比，看到自己的优点和缺点，然后将自己未来真正想做的事情，

或是目标记录下来，脚踏实地地去实现它，才是最好的方法

如果我们把自己的视野放到更广阔的天地来看，当一个人成功的时候，其实往往代表了全人类的成功。比如，爱迪生成功地发明了电灯，莱特兄弟试飞成功，居里夫人找到了镭，爱因斯坦发现了相对论等，这些成功都为全人类带来了便利与福音，想到这些，你应该为他人的成功感到骄傲。

嫉妒对自己百害而无一利，解决的方法只有一个，那就是超越他们，让自己强大。所以说，妒忌别人不如鞭策自己。

6. 珍惜现在拥有的，切勿贪婪

贪婪是人性的弱点。做人、做事都不可以贪婪，一旦贪欲过剩，会出现许多意想不到的情况。贪婪会把一个人毁掉、会把一个民族毁掉、会把一个国家毁掉，贪婪千万要不得。

贪婪会让人变得失去理智，不懂得满足；贪婪会让人变得不可理喻，不值得与之交往。

我们都知道渔夫的故事。说的就是因为渔夫的老婆太贪婪最后导致失去一切的故事。下面这个故事说的也是因为太过贪婪而失去一切的故事：

在一片茂密的大森林里，一个老汉正在卖力地砍柴。当他抡起斧子正准备砍一棵树时，一只金嘴巴的小鸟从树上飞下来，对老汉说："你为什么要砍倒这棵树呀？"

老汉说："家里的柴已经快要烧完了。"

小鸟说："你不要砍倒它，回家等着去吧，明天你家里会有许多柴。"

老汉听了小鸟的话，两手空空地回家了。

第二天，果然院子里堆满了柴，老伴高兴地叫他出来看，不解地问老汉是怎么回事，老汉就将遇到小鸟的事情原原本本地告诉了老伴。

老伴说："虽然咱们有柴烧了，可是我们却没有粮食。你再去找小鸟要点

来吧！"

老汉听从了老伴的话，又来到森林里的那棵树下。这时，小鸟飞来了，它问："你想要什么呀！"

老汉把老伴的想法告诉了小鸟。第二天，他们家的粮仓里就堆满了粮食。

老伴非常高兴，她告诉老汉："家里虽然有了粮食，但是我的穿着还是很破旧，并且也没有人服侍，你再去找小鸟吧。"于是老汉又到了森林里。

小鸟听完后，依然让老汉回家等。

第二天早上醒来，他们发现自己的愿望果真实现了：自己穿着绫罗绸缎，而且还有很多的侍卫和婢女。

贪婪的老伴仍然不满足，她对老汉说："去，找金嘴巴鸟去，让它把魔力给我，让它每天早上来宫殿为我跳舞、唱歌。"

老汉再次将老伴的意思转达给了小鸟。

小鸟愤怒地瞪着眼睛说："回去等着吧！"

老汉又回到家，和老伴等待着。

第二天起床后，他们发现原来拥有的一切都化为乌有，自己也变得老态龙钟了。

人的欲望永远没有止境，拥有了稳定的生活还要去追求安逸，拥有了安逸的生活还要去追求奢侈的物质享受。欲望如果这样不断地膨胀下去，根本就没有结束的那一天。

欲望如海水，越喝越渴。贪婪是苦海，它会让你的欲望永远没有尽头，生活永远找不到快乐。保持一颗知足常乐的心态，珍惜现在所拥有的，你会发现你是世界上最富有的人。

7. 自卑毁掉一切，自信成就一生

一个人可以平庸，但是不要自卑。平庸并不代表放弃，自卑却表明内心不敢面对。

若想成就自己、成就大事，就必须战胜自卑感。

一个人自卑的特点是感觉己不如人，低人一等，轻视怀疑自己的力量和能力！而这正是成功人士最蔑视的。

不管心理障碍的大小，我们总有灵验无比的"药方"来对付它，这个"药方"便是停止消极思想，多回忆一些积极的事情。

自卑的人总是无心无力做一件有挑战性的事，他们常用的借口是："唉，我能力太差！"这种人始终无法摆脱自卑的"纠缠"，也根本无法达成自己的理想。

有句话说："天下无人不自卑，无论圣人贤士，富豪王者，抑或贫农寒士，贩夫走卒，在孩提时代的潜意识里，都是充满自卑感的。"

产生自卑主要有两种原因，一是孩提时代，都有自己是"弱小"的感受。二是社会对一些人和事有一种过于完美的追求倾向，使很多人都有一种自愧不如的自卑感觉。还有一些实际产生自卑的原因，如从小家境不好，教育不当，或是受压抑，身心不畅，或是受蒙昧，身心未得到开发，很少有条件和机会培养自信心，以致后来在人生道路上遭受挫折和失败的打击过多，感到自我的渺小和无奈，因而怀疑自己的力量，产生自卑感。这些因实际产生的自卑都可归结于以上两种原因。

若想成就大事，就必须战胜自卑。从自卑走向成功的例子在世界知名人物中比比皆是：法国伟大的启蒙思想家、文学家卢梭，曾为自己出身孤儿，从小流落街头而自卑；存在主义大师、作家萨特，两岁丧父，左眼斜视，右眼失明，失去亲情与身体的残疾使他产生极重的自卑；法国第一帝国皇帝、政治家、军事家拿破仑年轻时曾为自己的矮小和家庭贫困而自卑；美国英雄总统林肯出身农庄，9岁丧母，只受过一年学校教育就下田劳动，林肯曾深深为自己的身世而自卑；日本著名企业家松下幸之助，4岁家败，9岁辍学谋生，11岁丧父。

获诺贝尔化学奖的法国科学家维克多·格林尼亚却是从另一种自卑走向成功的。格林尼亚出生于一个百万富翁之家，从小过着优裕的生活，养成了游手好闲、摆阔逞强、盛气凌人的浪荡公子恶习。仗着自己长相英俊，挥金如土，可以任意地玩弄女人。后来一直春风得意的格林尼亚遭到一次重大打击。一次午宴上，他对一位从巴黎来的美貌女伯爵一见倾心，像见了其他漂亮女人一样追上前去。此时，他只听到一句冷冰冰的话："请站远一点，我最讨厌被花花公子挡住视线。"女伯爵的冷漠和讥讽，第一次使他在众人面前羞愧难当。突然间，他发现自己是那样渺小，那样被人厌弃，一种油然而生的自卑感使他感到无地自容。他满含耻辱地离开了家庭，只身一人来到里昂，在那里他隐姓埋名，发愤求学，进入里昂大学插班就读，并断绝一切社交活动，整天泡在图书馆和实验室里。这样的钻研精神赢得了有机化学权威菲利普·巴尔教授的器重。在名师的指点和他自己的长期努力下，他发明了"格式试剂"，发表了200多篇学术论文，被瑞典皇家科学院授予1912年度诺贝尔化学奖。受自卑心理折磨的朋友，请好好想想上面这些杰出人物的例子。自卑如能被超越，便成了我们成功的本钱。

只要改变心态，将自卑变为发奋的动力，就能走向成功和卓越。

在树立信心的道路上，首先应观察自己的自卑感属于前面所提到的哪一种，找到症结之处后应马上溯其根源。你发现原来自己的自我主义、胆怯心、忧虑及自认比不上他人的感觉小时候就已存在，而自己和家人、同学、朋友之间的摩擦即为这些否定感觉充塞敏感之心所导致。若对此能有所了解，则你就等于踏出了克服自卑感的第一步。为了证明你不再是孩子，你若能将小时候不愉快的记忆从内心消除，即表示你又向前迈进了一步。

成长需要过程，在扫除自卑障碍的同时，你不妨将自己的兴趣、嗜好、才能、专长全部列在纸上，这样你就可以清楚地看到自己所拥有的东西。另外，你也可以将做过的事制成一览表。譬如：你会写文章，记下来；你善于谈判，记下来；另外，你会打字、你会弹奏几种乐器、你会修理机器等种种，你都可以记下来，知道自己会做哪些事，再去和同年龄其他人的经验做比较，你便能了解自己的能力程度。

世界是多彩的，生活面临着一个又一个挑战。你愿意当懦夫，还是希望做一个生活的强者呢？答案就掌握在自己的手中。战胜自卑，给自己暗示，我是一个通过努力就能成功的人，相信自己，相信自己的能力，以崭新的态度去面对生活。

拒绝自卑，对自己充满信心，就是给你的人生增添一条成功的路径。一个欲成就一番事业的年轻人，就要战胜自卑感！树立起信心，充实而坦然地面对生活，相信自己是可以的。

8. 乐观是幸福生活的源泉

在挫折面前，可怕的是悲观，因为这样会让人觉得没有希望，没有任何办法解决眼前事。在挫折、困难面前需要的就是乐观的心态，积极地应对眼前所需解决的事情，相信自己一定会做得很好，圆满解决。

生活中，每个人都会遇到挫折，甚至有时一些挫折的现状难以突破。面对挫折，有的人会不战而败，捶胸顿足，怨天尤人。这样的人永远也无法走出困境。而我们所需要做的就是满怀希望、对自己充满信心。

有一位外国如女的头部被抢劫犯击中了五枪，竟然还能继续活下去，医生把她的康复归功于求生的希望。她自己也说："希望和积极的求生意念是我活下去的两大支柱。"同她一样，许多癌症患者在面临死神的威胁时，对生寄托着希望，竟然活了许多年。在挫折面前只有充满希望，永不放弃，才有机会取得成功。

希望，使人增强了对挫折的心理承受能力。经历过挫折打击而能心平气和地忍下来的人都有一种切身体验：人之所以能够忍耐，是因为他对未来充满了希望。比如，一些受到不公待遇的人产生了极强的挫折感，他们本来可以找有关人去讨个公道，可是，又怕因此会给其他人留下话柄，说他们计较个人名利。为了今后的前途，他们忍了，一次、两次、三次，每次忍让时他们心中想的都是希望，否则，如果一个人绝望了，对未来不抱任何希望，他就不会忍耐，而会破罐子破摔，自暴自弃，不去做任何努力，对一点点挫折都失去了承受能力。从这个意义上说，希望是奔向前途的航标和指路明灯。人若没有了希望就会迷失方向，生活就会失去意义。要想成就自己就必须要有坚强的心，把自己承受挫折的心理变得强大，相信"山重水复疑无路，柳暗花明又一村"。

对人生积极乐观的态度就是在挫折中主动寻找幸福。即使道路坎坷，荆棘绕身，也能在奋斗中发现乐趣，正所谓苦尽甘来。

近年来，有研究表明，日本的自杀人数逐年上升。很多人遇到挫折，首先想到"勇敢"地切腹自尽，而不是思索该怎样战胜困难。

生命对于一个人只有一次，是否以积极乐观的态度去对待人生，这对一个人一生的影响是重大的。

有这样一则故事很能说明乐观者的人生态度。

一个人同一位准备远航的水手交谈，他问："你父亲是怎么死的？""出海捕鱼，遇着风暴，死在海上。""你祖父呢？""也死在海上。""那么，你还去航海，不怕死在海上吗？"水手反问："你父亲死在哪里？""死在床上。""你的祖父呢？""也死在床上。""那么，你每天睡在床上不害怕吗？"

这个故事含有深刻的人生哲理，言简意赅，反映出了水手明知祖父、父亲都死在海上，却没有因失去亲人的痛苦挫折而改变自己的奋斗目标，仍然乐观地从事自己的事业。

乐观是指人在遭受挫折打击时，仍坚信情况将会好转，前途是光明的。从情感智商的角度来看，乐观是人们身处逆境时不心灰意冷、不绝望或不抑郁消沉的心态。与希望一样，乐观施恩于人生。

乐观对挫折中的人有如下作用：

第一，乐观能为人排遣痛苦。

乐观是一种良好的心理特征，能挫败一切痛苦与烦恼，给人生活的勇气、信心和力量。医学家认为，愉快的情绪能使心理处于怡然自得的状态，有益于人体各种激素的正常分泌，有利于调节脑细胞的兴奋和血液循环。

第二，乐观的生活态度有利于促进人际关系和事业。

持一种乐观、豁达的生活态度参与活动，你会发现很容易与人和谐相处。乐观者全身充满活力，容易与社会合拍。由于心情舒畅，在与人交往中就会对别人谦虚、尊重、理解，自然会得到别人的理解和尊敬，双方情感的相悦就能形成和谐融洽的人际关系。同样，强者受挫后不气馁，以乐观的态度对待暂时的失败，这样就会使他有一种自信的进取力量。这种力量把自己展现于外，参与人群和事业，从而得到成功和成就。成功和成就的愉快情感会使自己更乐观地去继续从事未完的事业或开辟新的天地，这样的良性循环使事业充满生机，为生活带来无穷的乐趣和意义。

第三，乐观能促进身体健康。

乐观者一生中最大的收益是身体机能完好。人们常说"笑一笑，十年少"。没错，乐天派自然心宽体胖，会笑对人生中的坎坷与挫折。他们不容易被疾病击垮，他们抗御心脑血管病、癌症和糖尿病等慢性难治病的能力远胜过悲戚忧郁者。有一位外国的流行病学家断言，长期有绝望意识的人，其死亡率高于心脏病、癌症和其他病因造成的平均死亡率。这说明乐观心态对于健康的确大有裨益，悲观绝望则严重影响身体健康。

乐观是幸福的源泉，有了乐观的心态，什么困难、挫折也不放在眼里，相信自己的能力能将一切解决好。要想成就自己就先培养乐观这个好习惯！

9. 别看不起小事，小事是大事的起点

做事要先从小事做起，切忌眼高手低，小事不想做，大事做不来。凡事从小做起，点滴积累，终有一天会成功。

古人说：合抱之木，生于毫末；九层之台，起于累土；千里之行，始于足下；勿以善小而不为，勿以恶小而为之。这些话共同强调了一点，就是任何事物的形成都是从点滴开始的，它提醒人们做事从小处着手的重要性。

如果你好高骛远，以为可以不经过程而直奔终点，不从卑俗而直达高雅，舍弃细小而直达广大，跳过近前而直达远方。这种心态是不正确的。心性高傲、目标远大固然不错，但目标好像靶子，必须在你的有效射程之内才有意义。如果目标太偏离实际，反而无益于你的进步。同时，有了目标，还要为目标付出努力，如果仅空怀大志，而不愿为理想的实现付出辛勤劳动，那"理想"永远只能是空中楼阁，一文不值的东西。

成功人士从来不因为小事而懈怠，他们会把做好小事看成是一种磨炼，看成成就大业的幼苗和基石。

很多时候，成功在常人眼中是力所不能及的事情，但在成功者看来，成功就是做好身边的"琐碎小事"。

曾经有这样一个故事：

耶稣带着他的门徒杰克远行，途中发现一块废弃的马蹄铁，耶稣让杰克捡

起来。杰克懒得弯腰，假装没听见继续往前走。耶稣则自己弯腰拾起，并用它换得几文钱，买了十几颗樱桃藏在衣袖里。出了城便是茫茫的荒野，走上一段路，二人已经非常渴了，耶稣故意掉落一颗樱桃在地上，口渴难耐的杰克，不得不弯腰捡起来吃。就这样，一个丢，一个捡，杰克也顾不得狼狈，就这么一次又一次地弯腰，毕竟解渴要紧。

事后耶稣借此事教育杰克说，小事不做，将在更小的事情上操劳，如果你肯弯一次腰的话，那么成功就是给你准备的。对于那些失败者来说，如果早知道有这样的结果，当初就会把这些"废铁"拾起。但是，问题就在于"不知道那些废弃的铁是宝"，就像"傻瓜吃饼"，等吃到第10个的时候，感到肚子已经太胀了，说早知道这样，我吃最后一个好了。

做事情，即使是做再大的事情，也要从小处入手，一点一滴地起步。对待工作不能眼高手低，觉得自己很行，一般的看不上眼，也不去做。只想做大事情，可实际上大的做不来，小的不做，到最后一事无成。

如果你认为成功的人开始就是做大事的，那么你错了，幻想从大事做起的人是不切合实际的人，是浮躁的人。成功者往往都是脚踏实地，从小事做起的人。

摆正心态，不要怕麻烦，也不要嫌"屈尊"了自己，只有能将小事做好的人，才能被委以重任，因为没有人会把重要的事情交与一个小事都没做过或小事都做不好的人。

一毛钱虽少，但在生活中起的作用却很大。

在今天的生活中，商品的定价几乎都要余点尾数，很少是整数。比如，商家往往把300元的东西定价为299.9元，副食品的定价多数为8.99元、0.9元等不一而足。据说，这样定价的意思是使消费者感觉定价严谨合理，一张整钞拿出去，总是还有找回的余钱。无论多少，实际上仅是个心理感觉罢了。所以，在消费中，一角的硬币，对商家来说是很需要，但对消费者来说，常常是多不足惜。现在日渐流行使用信用卡，对很多人来说，硬币更是个无足轻重的东西。如果在大路上、草丛中看见一枚硬币，人们也懒得弯一下腰把它拾起来。不仅如此，还有许多人用硬币来取乐，如练瞄准、抛距离、撞运气……

其实，无论是事业还是财富，都是从点滴中积累起来的，所以，人们还要重视小事，珍惜"小钱"，脚踏实地，一点一点地积累自己的能量。在不鸣之前完善自己，有朝一日让自己一鸣惊人。

10. 避免唠叨，从容豁达

日常生活中，大部分人往往都会不满足于现状，由此而引发一连串的唠叨。殊不知，唠叨可能是破坏人际关系的罪魁祸首，无论在家庭生活中还是在日常工作中，大凡爱唠叨的人都不受人们欢迎。这就要求人们要避免养成唠叨的习惯，从容豁达地看待当前境遇。

玛丽亚小时候和姑妈一起住在英格兰。姑妈经营着一家小店。每当有牢骚满腹、喋喋不休的顾客来小店时，她总会把玛丽亚叫到身边，不管玛丽亚在做什么重要的事都要过去。然后，她把玛丽亚拉到身边神秘而又认真地说：“丫头，来，进来。”乖巧的玛丽亚很听话地按照姑妈的指示去做。这时，姑妈会向她的主顾打招呼，说：“托玛斯老弟，今天过得怎么样啊？”

托玛斯就会长叹一声对姑妈说：“不怎么样，实在是糟糕，糟糕透了。你看这该死的夏天，天气热得要命，我一点也不喜欢它，噢，实在是烦透了。天气闷热得几乎快使我窒息了，可把我折腾得够呛。我受不了，真的快要命了。”

姑妈经常是一只手托着下巴，淡漠地站着，一边低声地嘟哝着：“唔，嗯哼，嗯哼。”一边向玛丽亚使眼色，确信玛丽亚已经将这些唠叨听进心里去了。

又有一次，一个牢骚满腹的人道：“耕地这种活儿真让人讨厌，尘土飞扬让人闹心不说，骡子也耍脾气不听使唤，真是要人命的苦差事，我实在是讨厌它，再也干不下去了。还有让人无法忍受的是我的腿脚，还有我的手，酸痛得难以忍受；眼睛也被风扬起的尘土迷了；鼻子吸入尘土后也被呛得难以忍受，实在是受不了了！”

这时候姑妈还是重复同样的动作和表情，淡漠地站着，嘟哝道：“唔，嗯哼，嗯哼。”然后再向玛丽亚使个眼色。

当这个牢骚满腹的家伙走出店门，姑妈就把玛丽亚叫到跟前，一遍又一遍不厌其烦地对她说："丫头，你听到这些人如此这般地唠叨了吗？"

玛丽亚总是乖巧地点点头，静静地听姑妈的教导。姑妈见玛丽亚乖巧的模样就会接着说："丫头，记住，每个夜晚都会有一些喜欢唠叨的人，不管他是黑人还是白人，是富人还是穷人。当他们酣然入睡后，却可能一睡不起。不觉中，温暖的被窝却已成了冰冷的灵柩；柔软的羊毛毯却变成了裹尸布。他们再也不会有机会抱怨天气的糟糕或干农活的劳累了。记着，丫头，唠叨最容易让人失去生命。"

如果你对哪件事感到不满意，但又不可能让它按照自己的想法改变，那就换种态度去对待，切勿唠叨。要让自己学会从容豁达，那样便能宁静淡泊，正视人生。笑看庭前花开花落，静望天上云卷云舒。

11. 勤勉踏实，一步一个脚印

一个人的想法不管有多好，也要靠实际行动来实现。想法再好，如果不为之付出行动，成功也与之无缘。当然，这里所强调的行动不是让人们盲目地付出蛮力，而是在明确目标后，勤勉踏实，一步一个脚印地实干。

"勤勉踏实，才能避免漂浮。"是成功人士不断勉励自己的成功箴言。漂而无根，就要随风摇摆；勤勉踏实，才可遇事不乱。要想有所作为就要不断对自己说这些话，不厌其烦地提醒自己，因为保持这种心态会终身受益的。

勤勤恳恳、脚踏实地地干，才能实现目标，才能从人群中脱颖而出。

只要能全身心地投入到自己的工作中去，一步一个脚印地完成本职工作，即使是一个能力一般的人，也可以取得比较不错的成绩。

如果你是公司的一位员工，做事脚踏实地、勤勉踏实、全神贯注、充满热情，那么很快就会得到上司的赏识。并且你的积极心态能够感染同事，激励大家积极进取。

领导者常常排斥那种冷漠、粗心大意、懒惰的员工。

人们对待工作的不同态度，产生着不同的结果。因为，人们都知道一心一意和三心二意的结果有着天壤之别。

"来到这个世界上，做任何事都要全力以赴。"罗斯金的这句话说得很有道理。我们来到这个世界，没有贵贱之分，没有高尚和卑微的职业之别。上帝使每个人都从事着对社会有意义的事情，使每个人都在属于自己的行业里找到快乐与满足。

有一些擅长做家务的主妇，她们不管是做饭、擦家具，还是铺床、洗衣，都有一副自得其乐的专注神态。她们以积极的心态做着各种事，并从中感受到乐趣。

看着她们以轻松愉悦的心情做事，看着她们那发自内心的满足，真是一种享受。她们使家庭的氛围变得温馨、舒适，使人的心灵得到慰藉，使生活更为美好。

还有另外一些家庭主妇，她们把家务活当成天下最乏味的事，只要稍有可能，她们就会拖延或干脆省掉那些家庭劳动。即使是被迫做了一些，结果也不能令人满意，整个房间一片狼藉，毫无舒适感。在这样的家庭里，身心怎么能得到放松呢？

一份卑微的工作并不能代表什么，即使是补鞋这么低微的工作。有一些鞋匠把它当作艺术来做。不管是打一个补丁还是换一个鞋底，他们都会一针一线地精心缝补，本着勤勉踏实，一步一个脚印的工作原则，去迎接每一位顾客。

另外一些鞋匠却截然相反，随便打一个补丁，根本不管它的外观，好像自己只是为了谋生，根本没有热情来关心工作质量。

前一种人热爱这项工作，不是总想着从修鞋中赚多少钱，而是希望自己手艺更精湛，成为当地最好的补鞋匠。

英国哲学家约翰·密尔说："生活中有一条颠扑不破的真理，不管是最伟大的道德家，还是最普通的老百姓，都要遵循这一准则，无论世事如何变化，也要坚持这一信念。它就是在充分考虑到自身能力和外部条件的前提下，进行各种尝试，找到最适合自己的工作，然后集中精力、勤勉踏实，一步一个脚印地做下去。"

约翰·密尔这段话的意思是：勤奋工作是快乐的源泉。有人要他用一句简单的话概括生活准则时，他说："这条准则可以用一个词表达：工作。工作是生活的第一要义；不工作，生命就会变得空虚，就会变得毫无意义，也不会有乐趣。没有人游手好闲却能感受到真正的快乐。对于刚刚跨入社会门槛的年轻人来说，我的建议是：工作，工作，工作！"

如果仔细观察每个人，就会知道哪个是喜欢自己工作的人，因为他们许多表现都出于自发性、创造性、谨慎和专注。这些人与那些在工作中应付差事、乏味无聊的人截然不同。喜欢自己工作的人总是充满热情，干劲十足，在自己的工作岗位上任劳任怨。不但如此，他们还总是主动去找事情做，期望事业越做越大，越做越红火。这是每做一件事都觉得乏味的人身上所没有的实干精神。

我们生活中有很多人都心存着"人人都在命运之神的掌握中，我们只要等待好运降临到身上就行了"的想法。有这种想法的人，结果都会是非常可怜的。

诗人朗费罗则说："日常生活看似枯燥乏味却非常重要！就像时钟的发条一样，可以让钟摆匀速地摆动，让指针指示正确的时间。当发条失去动力时，钟摆就会停止，指针也不再前进，时钟静静地躺在那里，不再有任何价值。"只要我们能鼓起勇气，拿出力量和行动来，勤勉踏实，一步一个脚印地做好工作，那就没有不成功的道理了。

"工作是人类与生俱来的权利，至今仍保存完好，它是最有效的心灵滋补剂，是医治精神疾病的良药。这从自然界就可以得到体现。一潭死水会逐渐变臭，奔流的小溪会更加清澈。如果没有狂风暴雨，没有飓风海啸，地球上将全部是陆地，空气也会静止不动，这样的世界毫无生气。在气候宜人、四季温暖如春的地方，人们十分惬意地享受着生活，自然容易产生懒散心理，甚至对生活产生厌倦，养成好吃懒做的恶习。但是，如果每天要为生计奔波，与大自然做激烈的搏斗，经受各种锻炼，一个人就会精神抖擞，发出最强的力量。"这是迪恩·法拉对脚踏实地、勤恳工作的阐述。

金斯利说："每天早晨起床后，不管你喜不喜欢，都得想着自己有事做，强迫自己工作并尽最大努力做好，这样可以培养自控能力和勤奋、意志力等各种美德。在懒惰人那里，是没有这些优点可言的。"

　　每个人在确立目标后，就要立即采取行动，去做想做的事情。如果缺乏勇气、魄力、忍耐力和决断力，就需要磨炼自己具备这些能力。而磨炼这些能力的方法就是踏实做事，取得良好成绩的人正因为每天脚踏实地、勤勤恳恳地工作，才使其走向了成功。

　　人们必须脚踏实地的生活，勤勤恳恳的工作，把自己的想法付诸实际行动中，用勤劳的好习惯充实人生，以此来提高个人修养与丰富个人内涵。

第三章　说话之前要三思，管住舌头别乱说

——改掉不假思索就说话的习惯

不分时间，不分场合，不加思索，想说就说，这是极其不好的说话习惯，要知道说出去的话就像泼出去的水，很难收回。所以，要养成谨慎说话的习惯，在生活中、工作中把握好自己的说话尺度和说话方式。

1. 说好第一句话，顺利导入话题

与人交往时，往往第一句话就能决定交谈的深浅度。一句动听的开场白，很可能使谈话双方成为无话不说的知己；一句不入耳的话，很可能破坏交谈气氛，失去结交朋友的机会。

说话一定要注意语言的大忌，不能乱说。说话要注意场合、对方的身份等条件。要说好第一句话，因为一句动听的开场白，很可能使谈话双方成为无话不说的知己。

张力是一个人际关系非常好的人。无论是与陌生人谈话，还是与熟人聊天，他都能制造出非常活跃的谈话气氛，并在交谈过程中，使双方友谊进一步加深，这就是他获得好人缘的重要原因。

有一次，他参加一个同事的生日聚会，在会场上遇到了王超，便走上前，彬彬有礼地说："您好！听说您和今天的寿星是老同学？"王超高兴地点点头说："您是？""我是他的同事，很高兴能认识您！今天还真是个好日子，不但能给同事祝寿，还能结交一个好朋友，真的很难得。"张力面带微笑地说着。王超也高兴地迎合着张力的话题，就这样两人高兴地聊了起来。生日宴会结束后，两人依依不舍地分别了。

张力与王超能成为好朋友，第一句开场白的作用最大。如果张力的第一句话没有吸引王超的注意，没有为交谈营造一个良好的气氛，那么二人的情况可能会是另一番景象。

当然，说好第一句话，并不只局限于与陌生人的交往中，还要渗透到朋友、夫妻、亲人交往之中，这样可增进友情、巩固爱情、温暖亲情。

丈夫因事外出，不小心将随身携带的5000元钱弄丢了。他心里非常着急，本来家里条件就不富裕，这5000元是妻子辛辛苦苦、奔波忙碌攒下来的。想到这里，他不停地责骂自己，不知道该如何向妻子交代。无奈之下，他拨通了家里的电话。当妻子接通电话后，他支支吾吾地说："对不起，我……把5000块钱给丢了。"

妻子听了以后说："人丢了没有？没有丢就好，赶快回家吧……"听完妻子的话，他感动得不知所措，傻傻地站在电话亭旁，过了好一会儿才回过神来。其实，妻子非常节俭，丢了钱，她心里一定非常难过，可是她很懂得道理，知道事情发生了，埋怨也没有用。

夫妻二人结婚10多年了，丈夫从来没有给妻子做过一次饭，那天他亲自买菜下厨房，为妻子做了几道菜，虽然做得不是非常好，可妻子却吃得比往常更香。

从此，夫妻双方更能体贴、理解对方了，感情加深了许多。

生活中，无论是亲戚、朋友、夫妻间都会出现这样或那样的矛盾，这种情况往往都是由一句不恰当的话引起的。可见，说好第一句话的重要作用。

那么，如何才能把第一句话说好呢？以下几点可供参考：

（1）让第一句话拉近彼此距离

赤壁之战中，鲁肃见诸葛亮的开场白是："我，子瑜友也。"子瑜是诸葛亮的哥哥诸葛瑾，与鲁肃是忘年之交。就这样，鲁肃与诸葛亮拉上了关系，拉近了双方的距离。任何一个人都不可能离开人群而独自生活，只要彼此都留意，不难发现双方存在的那层"亲戚"关系。

譬如："你是天津人？我曾在天津上过大学。说起来，还真巧呢！天津是个很不错的地方。"

"您来自皖南，我出生在皖北，两地相隔咫尺。在这里还能遇到老乡，真是一件令人高兴的事情。"

这种初次见面互相攀认式的谈话方式，很容易搭起陌生人之间谈话的桥梁，使人在短时间内产生一见如故的感觉，从而给对方留下良好的第一印象。

（2）用第一句话让对方体会到尊重

对陌生人表示敬重、仰慕，是礼貌的第一表象，是拉近双方距离最有效的方法。采用这种方式必须注意：要掌握分寸，恰到好处，不能胡乱吹捧，说话的内容要因时因地而异。例如："您的作品我曾拜读过多次，从中学到了很多东西，可谓受益匪浅！没想到今天竟能在这里见到您，真是荣幸之至啊！"

"今天是教师节，在这美好的日子里，我祝老师节日快乐、身体健康、桃李满天下。"

"您的家乡桂林是个非常美丽的地方，不是有句话说'桂林山水甲天下'

吗，我真的很高兴能认识您这位桂林的朋友。"

（3）在第一句话中就把问候送出去

无论是初次见面，还是与熟人见面，问候是少不了的。见面后，第一句话，最好就把问候摆出去。一般情况下，"您好"是最常见的问候用语，但是如果能因对象、时间、场合的不同，而使用不同的问候语，效果则更好。例如：对德高望重的长者，应说"您老人家好"，以示敬意；对年龄跟自己相仿者，称"先生（女士)您好"，显得亲切；对方是医生、教师等，可在您好前加上职业称谓。节日期间，说"节日好"、"新年好"，给人以祝贺节日之感；也可按照时间分别对待，早晨说："早上好"，中午说："您好"，晚上说："晚上好"，比较得体。

人生无处不相逢。与陌生人交谈并不可怕，也没有必要过于拘束、不自在，只要主动、热情地同他们聊天，努力探寻双方的共同点，遇到冷场时，能及时找到话题，制造谈话气氛就可以了。学会了这些技巧，就能容易赢得对方的好感，这样也能拉近彼此之间的距离。

总而言之，初次见面，第一句话是非常重要的，是能叩开对方心扉的敲门砖，也是使人一见如故的秘诀。

（4）第一句话就使对方感到体谅、关爱、包容

如何与陌生人说好第一句话，怎样与朋友、亲人说好第一句话呢？这其间，也有一定的方法可寻。

生活中，朋友、亲戚、家人之间，总会出现一些矛盾，此时，第一句话起着决定性作用。一句不得体的话，不但会使矛盾加深，还可能伤害到彼此间的感情，所以，在张口前不妨往语言里加些关爱与理解，这样，再深的矛盾也会因为爱而化解。

2. 寒暄是必要的，但恰到好处即可

俗话说："话要开好头，事要收好尾。"说好第一句话的方法很多，寒暄便是其中之一。一番恰到好处的寒暄，能引起人们的注意力，起到抓住人心的效果，特别是对谈话内容的深入，能起到潜移默化的导引作用。

所谓寒暄，是指人们见面互相问候一下，以示礼貌和关心。在人际交往中，寒暄起到了联络感情的作用，它能在两个陌生人的谈话之间架起一座友谊的桥梁。

人们见面时打个招呼、寒暄两句，是在所难免的。可是，寒暄也要掌握一定的方法，要把寒暄的话说得更动听。

两个初次见面的人，彼此间都缺乏了解，在这种情况下，双方往往容易陷入僵局，打破僵局的有效方法就是寒暄。人们不妨以这样的方式开始寒暄，如：问问工作情况，还可以打听一下身体状况等等。具体方法，可参考如下几点：

（1）寒暄要流露出真挚的感情

人初次见面时的寒暄，一定要表现出诚意，要真心实意地询问对方，不要让别人感觉你只是为了应酬，才说出那些体贴关怀的话。

（2）用询问工作进展、身体状况的方式，展开谈话内容

与人见面寒暄时，询问工作进展、身体状况，是一个非常好的沟通方法。可以这样问："最近工作忙吗？可要注意身体啊！身体是革命的本钱，不要只顾工作，而忽视了健康啊！"这样一来，对方不但能感受到你对他的关心，还能迅速消除彼此间的陌生感，为进一步交流，奠定了基础。

（3）依照行动确定寒暄内容

当看到某人下班时，可以用"下班啦"这样的寒暄语打开话匣子，这样的问话，既大方自然，又能使对方感到亲切，使对方愿意与你交谈。

（4）寒暄前，了解对方的基本情况，是十分必要的

人与人之间的交谈，实际上就是感情的交流。而交流则需要建立在了解的基础之上，倘若事先对交谈对象有个大概的了解，在交谈过程中，就能抓住对方的心，达到自己的目的。

每个人都希望他人对自己畅所欲言，但那需要激起对方的谈话欲望，打开对方的"话匣子"，从而引起共鸣，你的观点或劝导，才更容易被对方接受。

人人都清楚地明白，谈话气氛对深度交谈的重要性，也都知道轻松愉悦的谈话气氛，是拉近谈话双方距离的主要方法之一。所以，在与人交谈时，一定要注意这点，尽量用轻松、亲和、充满感情的语气与他人谈话，就像在家中茶余饭后的闲谈一样，这样才能在最短的时间内，拉近谈话双方的心理距离。

适当的寒暄，可以缓和僵硬的谈话气氛，但寒暄不能过长，它只是与人交谈时的前奏曲，要适可而止。因为寒暄的主要作用，是融洽谈话气氛，拉近谈话双方距离，为步入正题做准备。若把寒暄当成了谈话的主要内容，就会引起别人的反感，认为你是个虚伪的人，办事效率也不会很高。

寒暄语就像是打开谈话大门的一把钥匙，运用得当，就能轻松跃过门槛，可运用不当，就有吃闭门羹的可能。所以，在寒暄过程中，一定要把握一个度，使寒暄恰到好处，这样，不相识的陌生人也可成为朋友。

3. 寻找安全话题，让人愉快接受

关于话题，有人误解为：只有那些令人兴奋刺激的，才值得一谈。因而便苦苦地搜索，想找一些奇闻、令人惊心动魄的事情，或是令人难忘的经历，以及最不平凡的事情。其实，这种认识是大错特错的，那些看似平常的话语往往让人产生亲切感。

聊一些安全话题，会让我们聊得更加投机，气氛更加活跃。在平时与人说话要注意，如果自己的工作恰好是销售，那么就更应该注意了，因为这决定着自己的工作能力。

一位年轻漂亮的姑娘，走进一家珠宝店，在柜台前看了很久，售货员礼貌地问了一句："姑娘，您需要买什么？"

姑娘不冷不热地说："随便看看。"从她的言语中，售货员敏感地察觉到这是位个性独特的女孩。此时，售货员如果不能找到令顾客满意的话题，这笔生意很可能泡汤，使钱财在自己手边溜走。

这时，售货员不断打量这位年轻漂亮的姑娘，从姑娘的穿着打扮上断定，这位顾客是一个非常讲究的人。于是，售货员说："您的这件上衣好漂亮呀！

一定没少花钱吧？"姑娘的视线从陈列品上移开了，说："是的，这种上衣的款式很少见，我非常喜欢它。"售货员又接着说："这么新潮的衣服，肯定不是在国内买的吧！"姑娘骄傲地说："是的，它是我朋友在国外给我带回来的。""姑娘本来就天生丽质，再穿上这件衣服，更显得光彩照人了。"售货员面带微笑地说。

"您过奖了。"姑娘有些不好意思地说。

售货员见状，又说："不过，姑娘还有些美中不足，如果能够配上一条项链，那就锦上添花了，它能将您衬托得更加完美。"

姑娘客气地说："是呀，我也这么想，只是项链是种昂贵商品，我担心自己选得不合适……"

售货员又说："姑娘如果信得过我，就让我帮您参谋一下……"

结果，这笔买卖顺利地做成了，姑娘高高兴兴地买走了适合自己的项链，而售货员也获得了一定的收入。

有人认为，这种交谈方式是做买卖的一种手段。其实，寻找安全话题的交谈方法，完全可以用到交际场合中。

与人交谈时，有人感到拘束无比，羞于启齿；有人觉得找不到共同话题，无法交谈；有人倍感尴尬窘迫，欲言又止，或话不成句；有人说话生硬，使人误解……产生这些现象的根本原因在于没有找到安全性话题。究竟什么样的话题，才是安全性话题呢？其实很简单，只要能让听话者感到舒适，不使他产生厌烦感，就属于安全性话题，也算把话说到点子上了。换句话说，就是要求人们说别人感兴趣的话，说对方爱听的话。

那么，怎样才能找到安全性话题呢？以下几点可供参考：

首先，讲话要因人而异。

有些话题，虽然一般人听起来感觉很有趣，而且在谈话过程中，非常受人欢迎，无论是听的人，还是讲的人，都能有种满足感，但这类话题毕竟不多，有些则是轰动社会的新闻，根本不用等你来讲，别人就早已听过了。

你在某一个场合，讲了很受欢迎的故事，而在另外一些人的面前，这个故事并不一定适合。所以，认为只有那些最不平凡的事情才值得谈，那就会常常觉得无话可谈了。

其次，寻找大家都比较熟悉的话题。

找谈话的内容，也是一个非常关键的问题。

有些人喜欢与别人谈一些哲学理论方面的抽象话题，如果以这样一个话题开场，即便准备得很充分，也可能由于大多数人都不喜欢这样的话题，在一般场合下，变得没有什么可谈的了。

如果在日常生活中多加留意的话，任何题材，都可以成为良好的谈话资料。比如谈足球、篮球和羽毛球；或是谈生命、爱情、同情心、责任感、真理、荣誉；也可以谈一些食物、饮料、天气之类的；可以谈到某个人物的见解，还可以陈述一下自己的观点。当然这是一个活的问题，也可以做一下调换。

如果双方是初次相逢的陌生人，不妨从天气、籍贯、兴趣和衣着等方面着手。这些也属于安全性话题，不会触及个人隐私，以利于继续交谈下去。例如："你是哪里人？""浙江。"于是，可以列举浙江一些优美的景观、发达的城市等。如此一来，双方的话匣子就算是打开了，谈话气氛也会逐渐好起来。或者，你还可以说："今天天气真好，如果能外出郊游，一定很不错。你喜欢什么样的体育运动？"对方可能会说："我喜欢爬山……"然后，接着对方的话题，便可以继续交谈下去。顺势类推，绝对能找出源源不断的话题，甚至觉得意犹未尽。

再次，试探对方的兴趣爱好，寻找安全话题。

人际交往中，学会与众人交谈，只要主动、热情地同他们说话、聊天，在话语中逐渐摸索、试探，总会找到投机的话题。

与人交往过程中，想要探出对方的兴趣和嗜好，拓展谈话的领域，说出来的第一句话，必须使对方能够了解。比如：看到了一个雕刻，指着这件雕刻说，真像××的作品，或听见鸟唱，就说很有门德尔松音乐的风味。说出这些话的时候，要确定对方在这方面不是一个外行才可以，否则不仅不能讨好，还有可能会让人烦。

举个例子说，如果想知道一个人的职业，可以说："阁下常常去游泳吗？"他说："不。"那你就可以问他："整天都是很忙吗？每天上哪儿消遣居多呢？"

这种问法，也是想要得知他人职业的一种试探法，这样就可以试探出对方是否有固定的工作。如果对方的回答是星期日或每天5点后去消遣，不用怀疑，他肯定是有固定职业，反之就不必再细问了。一旦确定了别人有工作，再去问及职业，如此一来，就可以和对方谈工作范围内的事情了。

总之，和他人谈论时要根据对方来确定安全话题，否则会让彼此都很尴尬。

4. 千万别信口开河，想好之后再张口

信口雌黄、刚愎自用、自吹自擂是社交过程中的一大禁忌，没有人愿意与这样的人打交道，就更不用说是交朋友了。

说话时要注意三思而后说，不能信口开河、自吹自擂，否则会影响自我的形象，也会影响他人对自己的评价。

张晓宁是一家外企公司的销售人员，由于运气好，取得了一些小成就，老板因此给他加了薪、升了官。可是，他的同事关系却非常差，公司里没有一个人愿意与他合作，原因是他过于自大、骄横，喜欢贬低别人抬高自己。

有一次，一位同事向他求教销售技巧，他张嘴便说："你怎么就这么笨啊！来公司都快一年了，还只是个小小的销售人员。你看我，早已经被提升了。"同事听后很是气愤，但他压住了怒火，好心劝导张晓宁说："你不能这样说话，没有人愿意听你说教，如果你与客户也这样说话，那么你的前途也就到头了。"张晓宁不屑一顾地说："你有什么资格说我，是不是嫉妒我啊！"同事见状离开了。后来，同事们都知道了张晓宁的这一毛病，没有人愿意搭理他。后因与同事关系太差，不久，张晓宁就向公司领导上交了辞职信。

无论是与同事交谈、出席社交场合还是与亲人交谈，都要注意一些谈话禁忌，这样才能把话说得更好，别人更容易接受，千万不要像张晓宁那样，到头来只能是自食恶果。因此，在与人谈话时，要注意以下几个方面：

（1）不揭别人的隐私，不做无谓的争辩

很随便地把别人的短处或隐私揭发出来，这样不但会损害别人的声望，而且还会将自己卑劣的人格表现得一览无余。世界上没有十全十美的人，所以在

说话的时候，一定要注意这一点。

事情往往具有两面性，自己知道的那部分未必是事情的真相，不一定可靠，所以不要到处宣扬。否则，很可能给自己招来不必要的麻烦，到那时再后悔，就已晚矣。

在日常生活或工作中，遇到一些纷烦琐事是在所难免的，不值得板起脸与别人争论不休。如果自己偏偏是那种喜欢争辩的人，那么你的精力和时间会显得很不值钱，更不要说对人际关系的损害程度了。

为了一些小事争论，没有任何好处，相反坏处会不少，损害了别人的自尊，影响了个人形象，还使自己养成挑剔的恶习，进而骄傲自大，最终会破坏辛苦建立起来的人际关系。可以用一句话总结：百害而无一利。

尊敬别人是谈话艺术的必需条件。单单为刁难对方，逞一时之强，于人于己都无好处。如果不愿别人损害自己的尊严，就绝对不可以刺伤别人的自尊心。

常言道："要想别人尊敬你，必须先尊敬别人。"

（2）不用强硬语气给别人纠错

一个人在做错事或做了一件吃亏的事时，能否纠正，关键在于这件事是否是从自己口里说出来的。如果自己心甘情愿将过错说出来，说明这一错误很可能得以改正；倘若是由别人指出来的，那么在被人指出的情况下，当事人很可能为自己的过错做出种种辩护。

纠正别人的错误时，要讲究方法：

第一，要持同情的态度

这样做，不会吹毛求疵，同时对别人的过错予以谅解，从而培养自己的大度胸怀。

还要注意的是，说话要用一种温和的语气。"你真糊涂，这件事完全弄错了！"这样具有刺激性意味的字眼最好不要用，因为听者会因此产生抵触心理。因此要用一种温和态度来对待，在指出别人错误的时候唠叨不绝，这样不但会使对方陷于窘境、难堪，而且还会造成僵局。

第二，让对方自然改变主张

最好能将自己的想法移植给对方，使对方觉得是自己修正了原有想法，而不是由别人指出的。对于那些无可挽救的人，应该站在朋友的立场上，给予恳切、正确的指正，使他有知过而改的想法，严厉责备的结果只能是适得其反。纠正对方的时候，有些人喜欢用命令的口吻，这样效果不但不佳，相反还会得罪一些人，所以最好是用征询式的语气。

第三，不要说自夸性的话

千万不要自吹自擂，与其自夸，倒不如谦逊。也许自认为了不起的事，别人可能认为没什么大不了。好夸大自己的人，间接为拓展人际关系制造了障碍。别人表面上对你恭恭敬敬，背地里会指责你不会说话。当取得某些成绩时，与其用自夸性语言往自己脸上贴金，倒不如让别人说出赞赏性的话。

总而言之，说话前要仔细掂量，要三思而后说。使得双方的交谈比较顺利、愉悦，留下好印象。

5. 话不要说得太满，要留有回旋余地

俗话说："逢人只说三分话，未可全抛一片心。"大凡社交老手，都深谙其中的道理。只说三分话，剩下的七分留给自己欣赏，这才是最明智的处世之道。

说话不能太满，要给自己留回旋余地，否则可能会出现不必要的烦恼和难堪。

一个年轻人想在大发明家爱迪生的实验室里谋得一个职位，恰巧爱迪生需要一个得力的助手，于是就接见了他。年轻人向爱迪生表明了来意，同时，还袒露了自己的雄心壮志，他说："我一定会发明出一种万能溶液，它可以溶化一切物品。"爱迪生听完以后，便问他："那么你想用什么器皿来装这种溶液呢？它不是可以溶解一切吗？"年轻人顿时无言以对了，面试的结果可想而知。

年轻人之所以没有被录用，是因为他把话说得太满了，没有给自己留后路，从而陷入了自相矛盾的境地。如果他能谨记"逢人只说三分话"的原则，就不会搬起石头砸自己的脚了。

在与人交谈过程中，许多人为了表现自己的文采，习惯性地使用一些修

辞。其实，运用修辞并非坏事，但是一定要运用得当，否则，用词不当很可能让别人误解。

屠格涅夫的小说《罗亭》中，皮卡索夫与罗亭有一段对话：

罗：妙极了！那么照您这样说，就没有什么信念之类的东西了？

皮：没有，根本不存在。

罗：您就这样确信吗？

皮：对。

罗：那么，您怎么能说没有信念这种东西呢？您自己首先就有一个。

皮卡索夫用"根本"一词来修饰自己的话，结果却起到了适得其反的作用，因为他把话说得太满了，才使自己很难堪。

话多的人，通常喜欢一吐为快，不考虑说出去的话会产生什么样的效果，所以容易惹人厌烦。其实，多说话非但无益，还会给自己平添不必要的麻烦。老于世故的人，说话会分轻重，只说三分话。或许人们会认为这样的人狡猾、不能深交，这种观点未免有些片面，每个人说话时都要看对方是什么人，如果对方不是一个可以深谈的人，说出三分话，就不少了。

孔子曾经说过："不得其人而言，谓之失言。"如果对方不是你了解的人，而你却畅所欲言，虽然说出了自己想说的话，但是对方会有什么样的反应呢？所说的话，都是属于你自己的事情，对方是否愿意听你讲呢？

如果与谈话者关系较浅，却与之深谈，会显得自己没有修养；如果所说的话涉及对方的利益，而你又不是他的净友，他会觉得你不配与他深谈，虽然忠言逆耳，但是却显出你自己的冒失；如果你的话题是关于评论社会的，可是你并不清楚对方的立场，偏偏高谈阔论、畅所欲言，同样会招致对方的不满。

逢人只需说三分话，是指有些话题不需要说，不必说，不应该说。那么，它与"事无不可对人言"有没有冲突呢？

所谓的"事无不可对人言"，就是指自己所做的每一件事，并不是必须向别人"竹筒倒豆子"，只说三分就可以了。那些有经验的人，是不是每件事都对人言，则另当别论，但他们只说三分话的本事，是值得我们借鉴的。

原本说话就有三个限制：人、时、地。如果不是其人就不必说；虽然得其人而没有得其时，也不必说；即使是得其人，也得其时，但却没有得其地，那也不必说。没有得其人，而自己说出了三分真话，其实那已是很多了；如果得其人，但是却没有得其时，说出了三分真话，其实那是暗示别人，看看别人听到这些真话之后有什么样的反应；如果得其时，没有得其地，而说了三分真话，就会引起别人的注意了，如果有必要的话，可以与他长谈下去，这样的人才能称作是通达人情世故的人。

如何才能说出别人爱听的话，其实最重要的一点，就是"逢人只说三分话"。适时地探测别人的性格、爱好、特长等，然后再针对不同的人，说出不同的话，这才是说话的最高境界。

6. 多说谦辞敬语，客气话听着舒服

很多人认为说客套话是一种不良习惯，认为那是虚伪的表现。可是，随着人与人之间关系的复杂化，说客套话已成了处理好人际关系最有效的方法。所以，人们要养成说客套话的习惯，这样才能避免不必要的麻烦。

在人们心目中，应酬、寒暄、客套是虚伪的表现，因此就大加排斥。殊不知，要想在当今社会立足，不讲客套、寒暄是行不通的。并且客套话是处理好人际关系最有效、最简单的方法。更何况寒暄、客套并非虚伪，这是每个人都应该具备的礼貌，也是人人都应养成的习惯。

其实，与人交往的客套话会使对方产生被尊敬的满足感。下面说一些简单的习惯用语作为参考：

（1）谦称自己

封建社会中常用"鄙人"、"小人"、"仆"、"臣"、"在下"、"妾身"等自称以示谦逊，如今时代变了，现在已不再用，但仍然有谦称"小侄"、"小弟"、"学生"、"部下"、"门下"、"弟子"等。和自己关系密切的人说话时，也有习惯用的谦称。比如，称自己的父亲为"家父"、"家严"、"家君"；称自己母亲为"家母"、"家慈"；称自己的兄、姐为"家兄"、"家姐"；称自己弟、妹为"舍弟"、"舍妹"；称自己的妻子为"内人"、"内子"、"内助";称自己的儿子为"犬子";称自己女儿为"小女";称自己的朋友为"敝友"等等。

（2）尊称对方

除了称对方为"您"以外，还可以称对方为"先生"、"老伯"、"伯父"、"伯母"、"阿姨"、"大哥"、"大姐"、"兄弟"等。对晚辈，也可以称"贤侄"、"贤婿"等。在谈话中，遇到与对方关系密切的人，同样以习惯的尊称，例如，称对方的父亲为"令尊"，称对方的母亲为"令堂"，称对方的女婿为"令婿"，称对方父子俩为"贤娇梓"，称对方兄弟俩为"贤昆仲"，称对方的学生为"高足"、"贤门生"等。

（3）使用敬辞

除了通常使用的"请"、"谢谢"以外，在言谈中，还有丰富的谦敬语可供选用。例如：求人释疑说"请问"，请人指教说"赐教"，问人姓氏说"贵姓"，问人年龄说"贵庚"、"青春儿许"，托人办事说"拜托"，对别人的看法、见解表示称赞说"高见"，欢迎人家做客说"恭候光临"、"恭候大驾"，自己的举动涉及对方时则可说"奉陪"、"奉送"、"奉告'、"奉劝"，请人给自己的作品提意见说"雅正"、"斧正"等。

（4）使用客气话。

客气话林林总总，不胜枚举，常用的除"对不起"、"请原谅"、"请多关照"以外，在答谢对方帮忙办事时要说："有劳了"、"难为您了"、"让您费心了"、"不好意思，让您破费了"，在请人给予方便时说"借光"，在请人原谅时说"包涵"，在因故不能陪伴别人时说"失陪"，在发觉自己的礼貌不周时说"失敬"，分别时劝告主人不要再送行说"留步"，表示对初会者神交已久说"久仰"，与朋友多时不见说"久违"等。

7. 实话巧说，坏话好说

在生活中，与人交流是避免不了的，说话双方都希望对方能对自己开诚布公、实话实说。但在某些特定的场合下，如顾及面子、自尊，以及出于保密等等，实话实说往往会令人尴尬，伤人自尊。因此，实话是要说的，却应该巧说。

实话巧说，坏话好说是一门很深的学问。那么，该如何才能把实话巧妙地表达出来呢？怎样才能既让人听了顺耳，又能使人欣然接受呢？在这里介绍几点。

第一，由此及彼心知肚明。

两个人的意见发生了分歧，如果实话"实说"，或者直接反驳就有可能伤了和气，影响团结。

这个时候就需要采取这种方法，因为这样能避免一些麻烦。

一次事故中，主管生产的副厂长老冯左手指受了伤，被送往医院治疗，厂长老丁来病房看望时，谈到车间小吴和小齐两个年轻人技术水平较强，但组织纪律观念较差，想让他们下岗。老冯当时没有表态，只是突然捧着手"哎哟哎哟"大叫。丁厂长忙问："疼了吧。"老马说："可不是，实在太疼了，干脆把手锯掉算了。"老丁一听忙说："老冯，你是不是疼糊涂了，怎么手指受了伤就想把手给锯掉呢？"老冯说："你说得很有道理，有时候，我们看问题，往往因注重了一方面而忽视了另一方面。老丁，我这手受了伤需要治疗，那小吴和小齐……"老丁一下子听出老冯的"弦外之音"，忙说："老冯，谢谢你开导我，小吴和小齐的事我知道该怎么处理了。"老冯把手有病需要治疗类比人有缺点需要改正，进而巧妙地把用人和治病结合起来，不仅没因直接反对老丁而伤了和气，并且还维护了团结，成功地解决了问题，很是高明！

第二，抓心理达目的。

抓心理达目的的言外之意，是要告诉人们，与人交谈时，要学会洞察对方心理，在掌握对方想法的同时对症下药，采用一些技巧，与对方进行交谈。

一位穿着华贵的妇女走进时装店，对一套时装很感兴趣，但又觉得价格昂贵，犹豫不决。这时，一位营业员走过来对她说，某某女部长刚才也看好了这套时装，和你一样，也觉得这件时装有点贵，刚刚离开。于是这位夫人当即买下了这套时装。这位营业员能让这位夫人买下时装，是因为她很巧妙地抓住了这位夫人"自己所见与部长略同"和"部长嫌贵没买，她要与部长攀比"的心理，巧妙地达到了让夫人买下时装的目的。

第三，藏而不露巧表达。

运用多义词，委婉曲折地表明自己要说的大实话。

林肯当总统期间，有人向他引荐某人为阁员，因为林肯早就了解到该人品行不好，所以一直没有同意。一次，朋友生气地问他，怎么到现在还没结果。林肯说，我不喜欢他那副"长相"。朋友一惊道："什么！你未免太苛刻了吧，'长相'是父母给的，也怨不得他呀！"林肯说："不，一个人超过40岁，就应该对他那副'长相'负责了。"朋友当即听出了林肯的话中话，再也没有说什么。很显然，林肯所说的"长相"，和朋友所说的"长相"，根本不是一回事。林肯巧妙地利用词语的歧义性，道出了"这个人品行道德差，我不同意他做阁员"这句大实话，既维护了朋友的面子，又达到了自己的目的。

实话巧说，坏话好说，是讲话的最高境界，一个人如果能达到这一境界，即使再复杂的人际关系，也能轻松应付；即便是再难处理的问题，在他手里也是小事一桩。

8. 先学会倾听，再发表意见

上帝造人的时候，只给人一张嘴，却给人两只耳朵，为什么呢？这是要求人们要多听少说，唯如此，才能从对方的谈话中挖掘更多的信息，才能对加深相互了解或深度交谈有所裨益。

每个人都不希望被别人忽视，都希望自己成为交谈中的主角，把说话权交给他人，把自己当成一个听众，有时比自己说话更有价值。一旦满足他人的这个愿望，就会由衷地愿和你接触。反之，如果一味地把他人当成听众，势必会使人产生逆反心理，别人会认为自己不受重视。

威森是一位对工作兢兢业业的青年，他的工作是向一家专门替服装设计师和纺织品制造商设计花样的画室推销草图。连续3年，威森先生每个星期都去拜访纽约一位著名的服装设计师。"他从不拒绝接待我。"威森先生说，"但他也从来不买我的东西，他总是很仔细地看我的草图，然后说，'不行，威森，我想我们今天谈不成了。'"经过150次的失败，威森终于明白自己过于墨守成规了，于是他下定决心，每个星期抽出一个晚上去研究与人交谈的哲学，以拓展新观念，创造新的热忱。

不久，他就急于尝试这一新方法，他随手抓起6张未完成的草图，冲入买主的办公室。"如果你愿意的话，希望你帮我一个小忙，"他说，"这是一些尚未完成的草图，你能否告诉我，我们应该如何把它们完成才能对你有所帮助？"

这位买主默默地看了看那些草图，然后说："把这些图留在我这儿，几天后再来见我。"

3天以后，威森又去了，拿着草图回到画室，按照买主的意思把它们修改完，结果那位买主全部接受了。从那时候起，买主又向他订购了许多图案，双方还成了知心朋友，不仅如此，买主还把威森介绍给了他的其他朋友。

其实，图案都是根据买主的想法画成的，威森却净赚了1600多美元的佣金。"我现在明白，这么多年来，为什么一直无法和这位买主做成买卖，"威森说，"我以前只是催促他买下我认为他应该买的东西，而现在，我的做法正好相反，尽量把说话权交给对方，让对方说出自己的想法，对方觉得这些图案是他自己创造的，确实也是如此，如今我用不着去向他推销了。"

那么，究竟该如何才能把说话权交给别人呢？

首先，控制自己的说话量。

也就是说，不要自顾自地说个没完。其实，说个没完并不是聪明者所为，而是一种费力不讨好的做法。一方面，说的话越多，给别人传递的信息就越多，里面可能有对方不喜欢的；另一方面，你耗费了大量的精力为别人传递信息，别人不但不会感激你，反而会认为你是一个善于炫耀自己的人，更何况，所说的每一句话不可能都是别人爱听的，也许一句说得不到位就可能得罪人，从此对你敬而远之。

尤其是从事推销这一行业，更应该注意到这一点。推销员的目的是为了推销产品，使对方能心甘情愿地接受自己的观点，购买自己的产品，所以，在说话这一问题上必须得多多留意，应该做到让对方尽情地表达自己的观点和想法。这样才能在对方的话语中，揣摩到对方的性格、心思、购买欲望。

在与人交际过程中，如果自顾自地说个没完，不管对方的来意、兴趣爱好，是很容易被误解的，那是对自己不负责的表现。当然，对于对方的提问也不能爱理不理，这样是不礼貌的，容易刺伤对方的自尊心。因此，对于别人的提问要耐心地听下去，抱着一种开阔的胸怀，把别人的话听完。真诚地鼓励对方把想说的话说出来，把想法表达清楚。

当然，也不能只把自己当成纯粹的听众，偶尔也要跟着说几句，这一点非常重要。比如对方说："我很喜欢月季花。"这时你可以顺应对方一句："我也很喜欢，特别是红颜色的。"这样一来，对方就会顺着你的话继续说下去了，从而为彼此间的谈话制造愉悦的气氛，谈话也就可以顺利地进行下去。可是，如果你说出一句大煞风景的话，不但不能继续话题，还可能破坏双方感情，为顺利交际制造障碍。

与人交谈也有一定的规则，虽然它不像交通规则那样呆板，但是也得遵守红灯停、绿灯行的原则。否则在人际交往中很容易误入雷区。在社交过程中，与人谈话并不能像与家人谈话那么随便，想说什么就说什么，想怎么说就怎么说。它需要讲究一个方式方法，不能单纯地把自己当成主角，还要适时地充当听众。在恰当的时间里，把谈话内容扩大，以便继续谈下去。而且还要不时地与交谈对象互换位置，这样才能使交谈平等地进行下去。

交流是双向的。在听完对方的谈话后，自己要发表一下意见或建议。如果只是沉默地听取而不做任何表示，交谈很可能陷入一片死寂的气氛中，这不利于交谈顺利地进行。再者，当别人发表完意见后，无形中就等于把说话权交到了你的手里，此时，完全可以毫无顾虑地发表自己的看法，充分表现自己。

其次，要养成倾听的好习惯。

曾有科学家做过一项调查研究，研究对象是一批受过训练的保险推销员。科学家把成绩最好的10%的推销员和成绩最差的10%的推销员做对比，结果产生了很大的差异，受过同等训练的人，为什么会产生如此大的差异呢？原因出在他们每次推销产品时，在讲话的时间长短上，业绩差的那一部分人，每次推销时说话时间累计为30分钟；而业绩最好的那一部分人，每次推销时说话时间累计只有12分钟。

人们或许不明白，为什么只说12分钟的推销员，却会取得较理想的成绩呢？

其实，道理很简单，因为他们说的少，听的自然就多了。在倾听过程中，他们能获得很多有用的信息，而且，他们可以利用倾听的时间，思考、分析顾客的各方面信息。然后，针对顾客的各种情况、疑惑、内心想法，找出解决问题的方法，结果业绩自然优秀。

善于倾听不但对人际交往有很大的好处，对企业而言，也起到了很大的作用。把说话权交给别人，还能提升自己的人气指数，使自己有个好人缘。

每个人都喜欢讲，而不喜欢听，要想处理好人际关系，必须意识到多听比多讲效果要好。让自己尽可能地充当好听众的角色，这在人际交往中有很大的好处。

把说话权交给别人，就是告诉人们，要说服自己喜欢别人的话题，以足够的耐性去倾听对方的意见，就像去电影院看一场自己不喜欢的电影一样，要耐着性子把它看完。如果自认为电影不好看就一走了之，那么买电影票的钱也就白花了。在与人相处过程中，同样是这个道理，如果不喜欢对方提出的话题时，一走了之，这种行为很可能伤害到对方，影响双方感情。所以，在交际这个大舞台上，不要总把自己当成主角，要适时地把说话权交到对方手上。否则，很难得到别人的认可，也很难得到他人的尊敬。

社交场合是一个非常复杂的地方，每个人的个性、爱好都不尽相同，如果只要求别人去适应你，听你一个人讲话，那么可以肯定的是，你在社交过程中，不会交到真心朋友，更不会办成事。所以说，与人交际最重要的一点，就是把说话权交给别人，这不但对处理人际关系有好处，还可以帮助你结交朋友、办好事。

9. 恰当恭维，戴"高帽子"也有学问

恭维、奉承的话，大多数人都爱听，在"高帽子"面前，许多事情都显得由难而易了。推销被人们认为是一个非常辛苦、难度较大的行业，但如果能发挥"高帽子"的作用，可能会轻而易举地让金钱流入自己的腰包。

许多推销高手，都清楚给别人戴"高帽子"的好处，也已经把这一方式运用到了推销活动之中。每个人都希望自己的能力和品格得到别人的认可和称

赞，推销人员如果抓住人们的这一心理，及时满足对方的需要，把"高帽子"戴到对方头上，当对方虚荣心得到满足时，还会遭到拒绝吗？

那么，"高帽子"究竟该如何戴比较适宜或效果较佳呢？可以考虑以下几种方法：

（1）把握给人戴"高帽"的机会

胡小民是一家杂志社的编辑，他能轻松地使那些大牌作家为他写文章。不论那些人如何繁忙，面对他的请求都无法拒绝。据他所说，每当他去拜见一位作家时，开场白都会说这样几句话：

"您好！我知道您目前非常忙，可正是因此，我才来请您写文章的，那些过于空闲的作家，写出来的作品根本不入流，与您的作品简直无法相比。所以，我特地前来拜访您，请您无论如何都要帮这个忙。"无论哪个作家，听到这样的开场白，可能都会无法拒绝他的请求。因为没等拒绝的话说出口，他手中的"高帽子"就戴到了自己的头上，再拒绝别人显然有些失礼，也显示出自己的小气。

一般来说，当对方不想帮忙时，拒绝的理由往往非常充分，要想改变别人的想法，使其接受你的请求是十分困难的。但若把握住说话的主动权，先给对方戴个"高帽子"，不让对方有机会说出拒绝的话，这样谈话是很容易成功的。

（2）用类比式戴"高帽子"

有人喜欢用类比的赞美方式给别人戴"高帽子"，这在推销过程中，同样是一种好方法。

一位推销员在推销录音机扩音器时，他对一录音机生产商说："我工作时，常用贵公司制造的收音机。那台收音机的质量非常不错，特别耐用，到目前为止，我已经用了10年，在这10年间，它从没发生过故障，不愧是贵公司的产品，值得消费者信赖。在使用过程中，我曾买过好几次别的产品，用不了多久，不是发生故障就是收听效果不佳，可钱却没少花，真的感觉不值。相比之下，还是贵公司的产品经济实用，价格不贵，质量却是一流的，虽然是10年前的产品，与现在的新产品比起来也毫不逊色，真是令人佩服啊！"

录音机生产商听后，高兴地说："是的，本公司的生产准则就是质量第一，服务第二。生产过程中，我们选用了德国先进的制造技术，采用世界上最好的原材料，所以我们对产品质量才有百分之百的信心。当今市场上，能保障产品质量的企业已经不多了，看来你是个有眼光的人啊！不过我对你们公司的产品也有所了解，无论是从技术上讲还是从选料上而言都很不错。这样吧，我们先少进一些你们公司的产品，如果质量有保障，我们将成为永久性的合作伙伴。"

就这样，一桩买卖谈成了。其成功原因就在于：该推销员给对方戴了一个"高帽子"，由此可见，给对方戴"高帽子"时，也要讲究方法。

（3）多使用钦佩性语言

钦佩性语言容易使人产生优越感，更能满足人们的心理，这对推销有很大帮助。

伊斯曼是感光胶卷的发明者，世界最有名望的商人之一，为了纪念他的母亲，伊斯曼特地为母亲建了一座戏院。当时，纽约高级座椅公司总裁亚当森认为，戏院需要大量的座椅，如果能得到伊斯曼这个大客户，公司一定能获得一笔丰厚的利润。于是，他拨通了伊斯曼的电话，表示欲登门拜访。在电话中，伊斯曼明确地表示，只给亚当森5分钟的交谈时间，如果交谈超过了5分钟，这笔交易就宣告失败。

为了促成交易，亚当森想了许多办法。他知道伊斯曼是会说到做到的，必须想出一个万全之策，才能赢得这个大客户。

亚当森在约定时间到达伊斯曼的办公室。当时，伊斯曼正伏案处理一堆文件。伊斯曼慢慢地抬起头来，说："早上好！先生，有事吗？"

秘书为二人引荐后，伊斯曼客气地请亚当森入座。但亚当森并没有坐下，他仔细打量了伊斯曼的办公室，然后说："伊斯曼先生，我在门外恭候时，就一直在想象您办公室的样子，现在亲眼见到了，真的令我非常钦佩，我很欣赏您办公室的什物摆放与设计，假如我也能拥有一间这样的办公室，那么即使工作再辛苦也值得啊！您知道，我的工作就是负责房子内部的木建工程，在此之前我从没见过这样漂亮的办公室，实在令人钦佩不已。"

伊斯曼说："这间办公室在修建时，我也非常满意，可是由于工作繁忙，我几乎忘记了自己还有这么一间漂亮的办公室，谢谢你的提醒啊！现在想想，我大概有很长一段时间，没有仔细打量这间办公室了，由此看来，真是一种浪费。"

亚当森走过去，用手抚摸着一块镶板，那种神情似乎在触摸一件工艺品一样，把钦佩之情表现得恰如其分。他接着说："这是用英国的栎木做的，对吗？选料真好，不一般就是不一般啊！"

伊斯曼耐心地答道："先生很有眼光，这的确是从英国进口的栎木，是一位专业木工亲自为我挑选的。"

接着，伊斯曼亲自带亚当森参观了房间的每个角落，并耐心地为其讲述每件装饰品的来历和每种材料的出处。不知不觉中，他们的谈话已经持续了两个小时。结果自然可想而知，亚当森轻而易举地获得了这笔座椅生意。

（4）"高帽子"戴得要恰如其分

恭维的话人人爱听。对别人说恭维话，如果说得恰如其分，恰得其人，对方一定十分高兴，对说话者就会产生好感。

说恭维话，是处世的一门重要功课。善于说恭维话的人，说出的话能让别人听了感到舒服，而且不降低自己的身份。

现实生活当中，每一个人的心中都存有希望。年轻人把希望寄予自身，老年人把希望寄予子孙身上。年轻人都希望自己的前途无量，如果能举出几点，证明他的将来会大有成就，听话者一定十分高兴，把说话者当成知己。如果说话者称赞对方的父母如何了不起，他未必感到高兴，因为对方至多是在说自己是将门之子，只有把他与他的父母一齐称赞，才会令他感到满意。

老年人则不然。几十年过去了，经历了风风雨雨、奔波劳碌，到老仍未曾达到预期目标，对于自己，已不再抱有希望，这时他们会将希望寄托于子孙身上，如果说他的儿子学识渊博、能力过人，是稀有之才，他一定非常高兴。即使当面抑父扬子，他也不会责怪你，反而十分高兴，口头还会说："你说得好"、"未必、未必"、"过奖了"。其实，他的内心，却认为说话者是慧眼识英雄啊！因此，说恭维话时，应特别注意对方的年龄。

然而，对于一个商人，如果恭维他学问好、道德好、清廉自守、乐道安贫，他会无动于衷。但如果恭维他才能出众、手腕灵活，现在红光满面，发财即在眼前，对方听了一定会非常高兴。

对于一个官吏，假如说他生财有道，定发大财，对方肯定会不高兴的，这时就应该说他为国为民、一身清正、劳苦功高，这样才能使他听着感到兴奋。

对于一个文人，如果说他学问渊源、笔下生花、思想卓越、宁静淡泊，那么他听后也是非常高兴的。

根据对方的职业，说出恰当的恭维话，这一点非常重要。有一个笑话，某甲是个拍马屁专家，连阎王都知道他的大名，死后见到阎王后，阎王拍案大怒："你为什么专门拍马屁？我最痛恨这种人！"马屁鬼叩头回道："因为世人都爱拍马屁，不得不如此，大王公正廉明、明察秋毫，谁敢说出半句恭维的话。"阎王听了，连说是啊是啊，谅你也不敢！实则阎王岂不爱听恭维话？只不过马屁鬼说恭维话的方式，与普通人不一样罢了。

世人都喜欢被恭维，只要恭维的话恰如其分，不流于谄媚低俗，不损人格，一定能获得对方的欢心。

被抬高的感觉，能使人心旷神怡，大多数人都希望自己的观点被认同。所以，在推销过程中，一定要抓住顾客的这一心理，及时把"高帽子"恰当的戴到对方头上，这样岂有不成功之理？

10. 见人说人话，遇山唱山歌

常言道"遇物加价，逢人减岁"。这是把话说到别人心坎里的一种技巧。人们永远希望自己的物品被别人认可、称赞，希望它超出固有价格；任何人都希望自己年轻貌美，渴望得到他人的赞赏。所以，要想把话说得更动听，就要学会"遇物加价，逢人减岁"的说话方式。

"遇物加价"与"逢人减岁"是两种不同性质的语言行为，需要因人、因地、因时而异，究竟如何做到这一点呢？不妨参考如下两点：

（1）物往贵处说

购物过程中，大多数人的心理是花少量的钱买最多的商品。人们可以经常发现这样一种现象：当某人花费50元买了一样价值100元的物品时，往往会非常兴奋，当别人提起时，内心会产生一种满足感。但是，如果花费100元，买了一件价值50元的商品，当别人提起时，不免会影响情绪，认为自己吃了大亏。在这种心态作用下，"遇物加价"的说法，便成了一句时髦话。

前不久，王运鹏买了一套新休闲装，宋晓燕知道它顶多只要两三百块就能买下来。宋晓燕见王运鹏正在为自己买了一套新衣服而高兴，便没把实际价格说出来。这时，王运鹏要宋晓燕猜一下这套衣服的价钱，宋晓燕说："这么好的衣服，最少也得五六百元才能买下来吧？"王运鹏听后，高兴得合不拢嘴，笑着说："我才花了四百元，怎么样，我买东西的水平够高吧？"

宋晓燕明明知道该套休闲装的市场价格，但是她并没有说出衣服的实际价格，而是故意抬高了衣服的价钱，这样一来，王运鹏少花钱多办事的虚荣心就得到了满足，从而对宋晓燕产生亲近的感觉。

"遇物加价"这个方法，非常能讨人欢心，使用起来又非常简单，只要有意提高对方购买物品的价格，就可以了。值得注意的是，在抬高物品价格时，首先要对该物品的真实行情有个大致的了解，这样才能把"遇物加价"的方法，表现得淋漓尽致，从而赢得他人的欢心。

（2）人往年轻讲

任何人都希望自己年轻漂亮，特别是成年人对于自己的真实年龄是非常敏感的，一旦有人将自己的年龄往大处说，就会产生不悦。所以，宁愿把人叫小了也不能把人叫老了，这是把话说到点子上的前提之一。例如，你是一位30出头的成熟女性，当别人说你像40多岁的女人时，你心里能高兴吗？或许嘴上不会说些什么，但心里也会责备对方不会说话。

成年人大多有怕老的心理，与这些人打交道时，"逢人减岁"就能派上用场了。这种方法应用起来，也非常简单，只要把对方的年龄往年轻说就是了，如果对方看上去大约40岁，可以说成30岁，对方听后自然会心花怒放，如果对方告诉你她的真实年龄时，你还可以进一步夸奖对方保养得好，懂得美容之道等，使对方的虚荣心得到充分满足。

值得注意的是，"逢人减岁"的方法只适合于中老年人。如果对20多岁的年轻人，使用这种说话方式，会起到适得其反的效果。对方会认为你看不起他，认为他不够成熟，怀疑他的能力，这时候要用"逢人添岁"取代"逢人减岁"的说话方式。

其实，以上两种说话方式，最终目的是投其所好、讨人欢心。当然，这种投其所好的出发点是好的，并没有巴结奉承的意味，其主要目的是使别人开心。这是一种善意的谎言，也是赢得好人缘的一种手段。

总之，就是谨慎说话，把握好说话的尺度。如果养成会说话的好习惯，对成就自己大有帮助。

第四章 注重工作效率，把功夫用在正事上
——改掉眉毛胡子一把抓的习惯

把梦想变成现实，就一定要行动起来，在行动中最应该注重的就是效率。在一定的时间里，做最有价值的事，把功夫用在正事上。在做事时合理安排事情的轻重缓急，从而为出色地完成任务打下基础。

1. 合理安排时间，时间浪费不起

时间是世界上最宝贵的东西，因为一旦失去，就永不再来了。在对待时间这个问题上，我们不仅要珍惜时间，更要学会合理安排时间，在一定的时间里，做最有效率的事情，不做无用功。

人都会遇到一些无法预料的事情，也就是计划时间外的事情，例如堵车、等人、等车等，这种时间，有人用来背英语单词，有人用来读报看书，有人听录音，有人听广播，有人听新闻，总之不能让这段时间白白漏掉。

人的时间是有限度的，要创造成功的人生，就要对自己的生命时间，从青少年到老年有一个整体的安排和规划，有步骤地实现人生的构想。

时间的长短，是由人怎样利用决定的。在同样的时间里，有的人做的事多，有的人做的事少，这样时间就有了长短的区别。

无论是总统、企业家，或是工人、乞丐，每个人的一天都只有24小时，这是上苍对人类最公平的地方。

虽然如此，但就有人有本事把一天的24小时变成48小时来用。

这不是神话，而是事实，而且真有其人。

他是怎样做的呢？

他这一天是这样过的：

每天早上5点起床，先做早操，然后吃早点、看报纸，接着开车去上班，车上听的不是路况报道，而是语言录音带，有时也听演讲录音带。由于早出门，因此不会塞车，到达办公室差不多7点半，他又用7点半到9点这段时间把其他报纸看完，并且做了剪报，然后准备一天上班所要的资料。中午他在饭后小睡30分钟，下午继续工作，到了下班，他会利用一个多小时看书，在7点左右回家，因为不堵车，半小时可回到家吃晚饭。在车上，他仍然听语言录音带或演讲录音带。吃过饭后，看一下晚报，和太太和小孩聊一聊，便溜进书房看书、做笔记，一直到11点上床睡觉。

他和别人不一样，因为他的一天有48小时！也就是说他一天做的事情是别人两天才能做完的事情。很显然，他的成就超过了他的同龄人。

其实他也没什么法宝，他只是不让时间白白地流逝罢了。而要让时间流逝是很容易的，发个呆，看一会电视，打个电动玩具，一个晚上很容易就打发了。如果天天如此，一年、两年很容易就过去了，你的成就和别人一比，就明显有了差距。

因此你也有必要把一天变成48小时，让你的每一分钟每一秒钟发挥最大的效益。

其实并不难，把你的时间做个规划并且认真地去实践就行了。记住，只有两点：

①制定一份24小时作息时间表。

②严格按照作息时间生活。

学校上课都有功课表，其实这就是最基本的时间规划，你也可参考这种方式，把你一天当中什么时间要做什么事列成一张表，并且每天按表作息。一开始你会很不习惯，又因为没有人监督，所以你很有可能会"偷懒"，如果你偷懒，那么你就失败了，所以你必须坚持，再透不过气也不可松懈。过一段时间后，应付成为习惯，然后你的时间会"繁殖"，一天变成36小时、48小时，甚至更多，也就是说，你的时间效益提高了。

另外，由于你生活作息时间是按计划进行的，你会发现，时间效益提高了，时间长了，变多了。这时，你可把作息做个小调整，把多出来的零星时间集中在一起，这样，就又有了一个完整的时间段，你就可以利用来做其他事情。

凡是事业上有成就的人，都很重视时间的利用。

如果你想创造成功人生，事业上有所作为，你就必须年轻时训练自己利用时间，追求时间的效用，把24小时变成48小时。

时间的延长，也意味着生命的延长。

别人活100岁，你就能活200岁，你比别人多活了一辈子。别人两辈子才能做你一辈子的事情。

一般来讲，人都是青少年时期学本领，中年创业，到老年才能坐享其成。

汉代有一首题目为《长歌行》的乐府诗，这样写道：

百川东到海，何时复西归？

少壮不努力，老大徒伤悲。

可见古代人对生命时间就有清醒的认识。其实，人一生下来，就应该对自己的生命时间作出安排。在他少年不懂事的时候，这种安排要由父母来进行，一旦他长大成人，就要对自己负责，就要安排自己的生命时间，以保证实现自己的人生目的。

时间就是在实践过程中一点一点失去的，在你的生活中，时间就像布袋子里的水，存不住的，不知不觉就漏光了。

不管是你的学习时间，还是创业时间、休闲时间，每一天都要有一个合理的安排。

①每天晚上，对照检查。

②当天没有完成的事情，及时制定补救措施。

③逐渐养成习惯。

要养成合理安排时间的习惯，树立时间观念，在一定的时间里，做最紧要的事情，体现出自己完成事情的效率。

2. 先做要紧的事，别把琐事放在心上

法国作家莫鲁瓦深刻地指出："我们常常为一些应当迅速忘掉的微不足道的小事所干扰而失去理智，我们活在这个世界上只有几十个年头，然而我们却为纠缠无聊琐事而白白浪费了许多宝贵时光。"

不要为琐碎的小事计较，因为琐事缠身不仅浪费时间、消耗精力，最主要的是耽误做正经事、做要事。

有这样一个公司部门经理，他平时总是显得很忙，早上很早出门，晚上很晚才回家，可是公司的业绩却并不突出，也没有什么大的进展。他很苦恼，一直在想怎样做才能更好。直到有一天和一个老朋友说起了此事，说自己总是

很累、很忙，什么事情都要操心，可是工作业绩却不突出，老朋友听后想了想问他，什么事情都操心吗？他说是的，老朋友后来告诉他，原因就是操心太多了，很多事情本可以交给别人去做，而自己该做的是关注那些要事、大事，其他事情就可少操心，小事情放给他人做就可以。这位经理听后恍然大悟，知道自己之前问题所在了。

在日常生活中，类似这样的例子并不少见，很多时候不是自己努力不够、付出的不多，而是所做的事情、所考虑的事情太多了，分散了自己的注意力。结果让自己因小失大，得不偿失。如何摆脱琐事、小事呢？

（1）别总拿什么都当一回事

有些人爱钻牛角尖，太要面子，事事"较真"、小心眼。其实这样不好，别把那些微不足道的鸡毛蒜皮的小事放在心上；别过于看重名与利的得失；别为一点小事而着急上火，动辄大喊大叫，以至因小失大，后悔莫及；别那么多疑敏感，总是曲解别人的意思；别夸大事实，制造假想敌；也别像林黛玉那样见花落泪、听曲伤心、多愁善感，总是顾影自怜，要知道人生需要大气一点。

（2）豁达一些

海纳百川，有容乃大。有宽广的胸怀和气度，是很容易告别琐屑与平庸的。而当你实现豁达与宽容，自然会产生轻松幽默，从而洋溢出一种性格的魅力。

（3）不与人争高论低

那些凡事都与人争个高下、锱铢必较的人，自以为很聪明，其实是以小聪明干大蠢事，占小便宜惹烦恼。而不计较小事，乃是不争，无为之为，大智若愚，其乐无穷。

认识了琐事的危害后，就要注意，懂得抓大放小，要事第一，在任何时候都要先做紧要的事。因为要事对我们的工作、生活影响大。注重要事，精力自然就从小事上转移，更多地投入到要事上。倘能如此，自然会突破生活的烦琐，专注地去做大事，成就事业和梦想。

3．现在就做，别再拖拉

美国哈佛大学人才学家哈里克说："世上有93%的人都因拖延的陋习而一事无成，这是因为拖延能杀伤人的积极性，而成大事的人却与之恰恰相反。"要想成就自己，就必须改掉拖延的陋习，要养成立即行动这个好习惯。

明人吕坤在《呻吟语》里说："干天下事无以期限自宽。事有不测，时有不给，常有余于期限之内，有多少受用处！"清人王永彬《围炉夜话》里说："人生境遇无常，须自谋一吃饭本领。人生光阴易逝，要早定一成器日期。"

古人对做事拖拉有很好的见解，深知做事拖拉之害。我们今天的人要吸取教训，要养成立即行动这个好习惯，想到就去做。

当一件事情布置下来，你是抓紧去做，还是不急不忙，在期限快到了，才临阵磨枪，突击去做？

或者，你遇到了一个难题，于是你想，先放放吧，以后再解决，结果这一放，就是十天半月，甚至遥遥无期……

再或者，你一直想给某人打个电话。但不凑巧，你记不清他的电话号码，你想起放在家里的记事本上有，于是你决定到家后查查再打。但回到家后，吃完饭，又看电视，等躺到床上后才突然想起电话号码的事，这时你又懒得下床，想明天一早一定查查，第二天，你起晚了，急匆匆地去上班，这个电话自然又没有打成……

也许你会不好意思地承认自己有时拖拉。但你可能会认为，办事拖拉一点，也不是什么了不得的大毛病。

办事拖拉是一个很不好的习惯。首先，他会使你丧失成功的机会。你有许多极好的想法或者创意，但由于拖拉的习惯，你没有尽快让它们变成现实，结果某一天你发现，别人和你一样的创意，已变成橱窗里的产品了。成功就这样与你失之交臂。爱迪生是名副其实的大发明家，他平均每15天就有一项发明。如果他办事拖拖拉拉，他一生即便有发明，也不会有这么多。且让我们看看他的一件逸闻：1871年12月25日，爱迪生终于和他心爱的姑娘玛丽结婚了。他们刚刚待了一会，爱迪生突然想起了一个关于他的新发明的一个问题，他抱歉地对玛丽说："我必须马上到办公室去。"于是新娘独自一个人泪雨纷纷地留在了家里。到了半夜，爱迪生的一个朋友来到办公室，爱迪生问："现在是什么时间？"朋友说："夜里12点。"爱迪生说："我必须回家了，今天是我结婚的日子。"这段逸事再清楚不过地表现了爱迪生从不拖拉，想到即做的作风。

美国成功学家马尔登说过：任何时候都可以做的事情往往永远都不会有时间去做。

拖拉的另一个坏处是对自己的身心不利。由于畏难，或由于懒惰，或由于厌烦……总之不管由于什么原因，该及时做的事情没有做，你就会陷入焦虑或内疚之中。

拖拉的第三个坏处是会给自己在与人相处或共事时带来坏名声，例如不守时，办事效率低，不能承担重任，甚至不堪信赖等。

为了养成好习惯，得找一些克服拖拉的办法。

（1）期限

要制定事情完成期限，并尽可能严格遵守它。有时为了帮助自己克服拖拉的毛病，你可以把自己的工作期限宣布出来，让家人或朋友来监督，你要尊重你的期限，不要自我宽容。如果你按照期限完成了工作，自己也会有一种成就感，这将鼓励你信心百倍地面对今后的生活和工作。

（2）在期限内抓紧

在制定期限的一段时间里，要抓住每天的时间，避免制定了完不成。

（3）各个击破

在处理一个重要的工作时，尽可能把它分成许多小而易于"立即可做的工作"。比如你要写一份很长的报告，你不要试图从开头一直往下写，可以分几个步骤：先列一个提纲，再按不同部分准备资料，可以先挑准备得比较充分的部分写，最后像串"糖葫芦"一样把各部分串起来，再做些平衡、衔接等工作，一篇洋洋大观的报告就会比较轻松地完成。

（4）不要逃避

有了问题就抓紧处理，逃避是没有任何用处的，早晚都要面对、都要解决。

（5）许多的拖拉、延期都与睡觉有关

过多的懒觉不但会耽误你的工作，且不利于自己的健康。

以上五点对我们做事戒掉拖拉，养成立即行动的好习惯很有用，要想成就自己就赶快培养这个好习惯吧。

4. 简单的工作也要认真

哪怕是简单的工作，也要认真对待。因为许多事情都是从细节处体现，小事情如果不认真对待，如何确保大事情出色地完成呢？

工作认真与否，其实说透了是一个态度的问题。如果重视自己的工作，那么肯定会认真对待，一丝不苟地去完成。如果内心瞧不起，或压根就不想做，那么表现出来的就大不一样。

世界上怕就怕"认真"二字。做事细心、严谨、有责任心、追求完美和精确，是认真。做人坚持正道，不随波逐流，不为蝇头小利所惑，"言必行，行必果"，也是认真。生活中重秩序，讲文明甚至起居有节、衣着整洁、举止得体，也是认真的体现。认真就是不放松对自己的要求，就是严格按"真善美"办事做人，就是在别人苟且随便时自己仍坚持操守，就是高度的责任感和敬业精神，就是一丝不苟的做人态度。认真的人受人尊敬和信任，认真的人办事效率高过那些不认真的所谓"快手"。就是从效益上讲，由于认真而减少了浪费、重复劳动、返工等，无疑是给社会和自己增加了一笔巨大的财富。

贺薇薇从事的并非是别人眼中的白领工作，可是却受到同事们的一致尊重。贺薇薇在公司里担任总务助理，做的是琐碎的杂务工作：递交出外勤文件、打扫环境卫生、清理垃圾等。不过她总是尽心尽力，没有怨言。贺薇薇唯一的交通工具是一辆自行车，不管目的地是哪里，晴天或雨天，她绝对坚持骑车，理由是响应环保，而且可以为公司节省油钱。

贺薇薇连续3年上班全勤，这几年里也从没有迟到过，即使遇到刮风下雨的天气。她乐于帮助人，年年当选优秀员工。在贺薇薇工作的地方，你不会看到不该亮的灯、滴水的龙头，或是地上的纸屑，她似乎比老板还要爱惜和爱护公司。在清理垃圾时她坚持实施垃圾分类，影印坏的纸张或是一些背面空白的废纸，贺薇薇都裁成小张分给同事作便条纸，至于其他的废纸，则与废纸箱一起卖给收废纸的，而这些钱也捐给工会。

贺薇薇所作的工作并不需要硕士或学士的学位背景，但是贺薇薇的敬业精神，视工作为一件神圣的事，这几乎没人比得了。她这认真的态度赢得了同事们由衷的敬佩，尤其当拥有高学位、高职位的员工抱怨工作不顺时，看到贺薇薇每天很认真地做事时，更是感到惭愧。

贺薇薇的例子是值得每个人学习的好榜样，虽然每个人的职务不同，但是敬业精神却是一个员工的最好明证。敬业的人不仅老板欣赏，同事也乐于与之同进退，更重要的是自己心安理得，没有虚度时光，自己内心也充实，何乐而不为呢？

再简单的工作也要认真对待，不能因是小事就随意对待，以至于养成不仔细的习惯，观其平时表现怎能将重事委任，即使委任重事，怎能让人确信能出色地完成呢？

从平时的小事情上做起，从简单的工作做起，从一点一滴的工作中树立自己对工作的正确态度，养成对待工作的严谨作风，努力地去完成属于自己的工作，也只有这样，才能在遇到复杂的事情时，保持清醒的头脑，有步骤地一步步去实施。

5. 有效利用时间去做更多的事情

人们总是根据事情的紧迫感，而不是按事情的优先程度来安排先后顺序，这样的做法是被动而非主动的，而要想做个有成就的人就不能这样工作。要学会合理利用时间，在一定时间里，作出最有效率的工作。

要想成就自己就必须学会合理利用时间，抓住时间管理的精髓，而精髓就是：

分清轻重缓急，设定优先顺序。时间观念强的人都是以分清主次的办法来统筹时间，把时间用在最有"生产力"的地方。如何分清主次，把时间用在最有生产力的地方，有三个判断标准：

（1）我必须做什么

这有两层意思：是否必须做，是否必须由我做。非做不可，但并非一定要你亲自做的事情，可以委派别人去做，自己只负责督促。

（2）什么能给我最高回报

应该用80%的时间做能带来最高回报的事情，而用20%的时间做其他事情（巴莱托定律）。所谓"最高回报"的事情，即是符合"目标要求"或自己会比别人干得更高效的事情。

最高回报的地方，也就是最有生产力的地方。这要求我们必须辩证地看待"勤奋"。"业精于勤荒于嬉"，勤，在不同的时代有其不同的内容和要求。过去人们将"三更灯火五更鸡"的孜孜不倦视为勤奋的标准，但在快节奏高效率的信息时代，勤奋需要新的定义了。勤要勤在点子上（最有生产力的地方），这就是当今时代"勤"的特点。因此，勤奋已经不是时间长的代名词，而是在最短的时间内完成最多的目标。

（3）什么能给我最大的满足感

一些自己喜欢、爱好的事情，做了之后，会让自己很兴奋、愉悦；富有爱心的事情、公益事业、慈善事业，多参加这样的活动会让自己充满感动，爱心会在自己身上涌动。把时间分配于令人满足和快乐的事情，唯如此，工作才是有趣的，并易于保持工作的热情。

通过以上"三层过滤"，事情的轻重缓急很清楚了，然后以重要性优先排序（注意，人们总有不按重要性顺序办事的倾向），并坚持按这个原则去做，你将会发现，再没有其他办法比按重要性办事更能有效利用时间了。

美国伯利恒钢铁公司总裁查理斯·舒瓦普向效率专家艾维·利请教"如何更好地执行计划"的方法。

艾维·利声称可以在10分钟内就给舒瓦普一样东西，这东西能把他公司的业绩提高50%，然后他递给舒瓦普一张空白纸，说："请在这张纸上写下你明天要做的六件最重要的事。"

舒瓦普用了5分钟写完。

艾维·利接着说："现在用数字标明每件事情对于你和你的公司的重要性次序。"

这又花了5分钟。

艾维·利说："好了，把这张纸放进口袋，明天早上第一件事是把纸条拿出来，做第一项最重要的，不要看其他的，着手办第一件事，直至完成为止，然后用同样的方法对待第二项、第三项……直到你下班为止，如果只做完第二件事，那不要紧，你总是在做最重要的事情。"

艾维·利最后说："每一天都要这样做——您刚才看见了，只用10分钟时间——你对这种方法的价值深信不疑之后，叫你公司的人也这样干，这个试验你可以重复多次做，然后给我寄支票来，你认为值多少就给我多少。"

一个月之后，舒瓦普给艾维·利寄去一张2.5万美元的支票，还有一封信。信上说，那是他一生中最有价值的一课。

5年之后，这个当年不为人知的小钢铁厂一跃而成为世界上最大的独立钢铁厂。人们普遍认为，艾维·利提出的方法功不可没。

上面这个例子讲述了做一件事情注重效率的益处。因此，学会合理利用时间，在一定时间里，才能做出最有效率的工作。

6. 不要被小事困扰

生活中，存在许多零星琐事，对于这些事人们完全可以不去理会，而应把主要精力放在该做的事情上。可是，往往有些人不能正确看待这个问题，常常因为一些应该丢开和忘记的小事烦心，这是不成熟的表现。因为"世上本无事，庸人自扰之"。

一些人常常被困在莫名其妙的忧烦之中，它一旦出现，人生的欢乐便不翼而飞，生活中仿佛再没有晴朗的天了，真是吃饭不香，喝酒没味，干工作没劲，干事业没心，玩没意思。这一切，只因为他们陷入了多余的琐事之中。

有一种说法是："法律不会去管那些小事情。"一些人有时偏偏为这些小事忧虑，始终得不到平静。

狄士雷里说过："生命太短促了，不能再只顾小事。"

荷马·克罗伊是一位写过好几本书的作家。以前他写作的时候，常常被纽约公寓热水灯的响声吵得心烦不宁。蒸气会砰然作响，然后又是一阵噼里啪啦的声音，这些噪音使他大叫大骂环境的恶劣。

后来荷马·克罗伊说，"有一次我和几个朋友一起出去宿营，当我听到木柴烧得噼啪作响时，我突然想到：这些声音多像热水灯的响声，为什么我会喜欢这个声音，而讨厌那个声音呢？我回到家以后，跟自己说：'火堆里木头的爆烈声，是一种很好听的声音，和热水灯的声音差不多，我该埋头大睡，不去理会这些噪音。'结果，我果然做到了：头几天我还会注意热水灯的声音，可是不久我就把它们整个给忘了。""很多其他的小忧虑也是一样，人们不喜欢它们，结果弄得整个人很颓丧，其实那只不过是自找麻烦，夸大了那些小事的重要性……"

生活中很多事情都可以不去理会，尤其是一些小事。比如过多的聚会，过多的活动，有的活动就可以不去参加，而这些活动中有的原本就没有必要参加。因此，有时人们把大量的时间、精力浪费在小事上了。

有句话说得好："世味浓，不求忙而忙自至；世味闲，不求闲而闲自来。"这句话深刻揭示了一个道理：不要为世界上很多无所谓的事而操心、劳神，不做那些不该做的事，把自己身边事、重要事努力做好。

安德烈·摩瑞斯在一本杂志里曾说道："我的一些痛苦经历告诉人们，我们常常因为一些小事情、一些应该不屑一顾和应该忘了的小事弄得心烦，人活在这个世上只有短短几十年，而我们浪费了很多不可能再补回来的时间，去愁一些在一年之内就会被所有人忘了的小事。不要这样，让我们把时间只用在值得做的行动和感觉上，去运用伟大的思维，去经历真正的感情，去做必须做的事情，因为生命太短促了，不该再顾及那些小事。"

平锐克里斯也说过："来吧，各位！人们在小事情上耽搁得太久了。"一点也不错，的确是这样。

在美国科罗拉多州长山的山坡上，躺着一棵大树残躯。自然学家告诉我们，它已经有400多年的历史，初发芽的时候，哥伦布刚在美洲登陆。第一批移民到美国的时候，它才长了一半大。在它漫长的生命里，曾经被闪电击中过14次。无数的狂风暴雨侵袭过它，它都能战胜它们，但最后，却毁在一小队甲虫身上。那些甲虫从根部往里咬，渐渐伤了树的元气，虽然它们很小，但持续不断地攻击使这样一个森林巨人倒下了。

人就像森林中那棵身经百战的大树，也经历过生命中无数狂风暴雨和闪电的打击，但都撑过来了，可是却因一些本不该做的小事，而葬送了前途，其实仔细想想这么做一点也不值得。

人们一旦养成了专注小事这个坏习惯，就会给自己带来不少麻烦，人生之途就变得危险了。因此，人们必须清楚地明白这一点：控制自己不做不该做的事，不要让自己因为一些应该丢开和忘记的小事而烦心，生命是有限的，不要在一些不该做的小事上浪费时间。

7. 犹豫会降低你的做事效率

无端的犹豫就是懒散的拖延。认准的事情就痛痛快快去做，不做无谓犹豫。

有的时候，抓住时机，果断出手，可以成就一个人的事业。因为知晓事情的机遇了，剩下的就是看能否抓得住的问题，这里面就讲究一个"效率"二字。

1875年的一个春天，美国实业家亚莫尔像往常一样在办公室看报纸，一条小标题从他眼睛里掠过，突然他的眼睛发出了光芒，他注意到了一条几十字的时讯：墨西哥可能出现了猪瘟。他立刻想到如果墨西哥出现猪瘟，那么就一定会从加利福尼亚、得克萨斯州（美国的这两个州和墨西哥毗邻）传入美国，而一旦这两个州出现猪瘟，那么美国的肉价就会飞快上涨，因为这两个州是美国肉食生产的主要基地。

他的脑子已经开始运转了，打电话给他的家庭医生，问他是不是要去墨西哥旅行。家庭医生一时间没有弄清楚他是什么意思，满脑子的雾水，不知怎么回答。

亚莫尔只是简单说了几句，就又对他的家庭医生说："来我家一趟，有事要和你商议。"很快地，家庭医生到来了，他和家庭医生说起了墨西哥猪瘟的事，并且说服他的家庭医生马上去趟墨西哥，证实一下那里是不是真的出现了猪瘟。家庭医生很快证实了发生猪瘟的消息，亚莫尔马上动用自己的全部资金大量收购加利福尼亚州和得克萨斯州的肉牛和生猪，并且用最快的速度把这些肉牛和生猪运到美国东部的几个州。

不出亚莫尔的预料，瘟疫很快蔓延到了美国西部的几个州，美国政府下令，西部几个州的一切食品严禁运往东部，一时之间，美国东部肉类产品奇缺，价格猛涨，亚莫尔抓住这个时机开始进行销售。在短短几个月的时间里，就足足赚了几十万美元。

亚莫尔之所以能够赚到这样一笔他人没有赚到的钱，就是因为他比别人更能抓住商机，一旦发现果断出击，半点犹豫都没有。

其实，不仅对商业如此，把这一理论运用到生活其他方面也可以同样适用。

8. 磨刀不误砍柴工

"工欲善其事必先利其器"，没有准备好就着手操作，其结果可能会顾此失彼，影响工作进程。做事之前先把各项准备工作做好，正式开工后就会做得比较顺利、得心应手。

凌乱无序地做事会浪费时间和精力，会影响工作进度、降低工作效率。所以必须合理安排好自己的做事方法，先做什么，后做什么，不做什么。事前都有个准备，这样在头脑中想好了，做起事来，既快捷又有思路，何乐而不为呢？

有个年轻人在一家林场找到一份伐树的工作，薪资还是比较优厚的，因此，年轻人很珍惜，决心认真努力地工作。

第一天，林场主交给他一把锋利的斧头，划定一个伐木范围，让他去砍伐。年轻人非常努力，这天砍了18棵树，林场主很满意，他对年轻人说："非常好，希望你能继续保持下去，保持这个水准！"

年轻人听到林场主如此夸自己，非常开心，第二天他工作得更加卖力。但是不知道为什么，这天他却砍了15棵树。

第三天，年轻人为了弥补昨天的缺额，更加努力地砍伐，可是这天砍得更少，只砍了10棵树。

这个年轻人感到非常地惭愧，他跑到老板那儿道歉："老板，真对不起，我不知道为什么，力气好像越来越小了。"

林场主温和地看着他，问道："你上一次什么时候磨的斧头？"

年轻人望着林场主，诧异地回答道："磨斧头？我每天都忙着砍树，根本没有时间磨斧头啊！"

俗话说："磨刀不误砍柴工。"停下来磨磨斧头，是为了能更快地砍伐树木，而这个年轻人却不懂这个道理，只顾埋头苦干，结果自己累得筋疲力尽，工作却越做越差劲。

古语说得好："工欲善其事必先利其器。"砍伐树木，就是把工具——斧头磨得更加锋利，这样工作起来又轻松又快捷。

同样，做事的时候应该注意休息、补充体力，否则会让自己越来越劳累。现在，人们不认为不停地工作是一种成功的前兆，是人生的优点，是勤奋的外在表现。而事半功倍才是真正令人羡慕的成功。

9. 绝不让自己拖整个部门的后腿

做事情讲究一个效率，尤其是一个部门团队合作时，分工明确，都有各自任务。不能因为自己而拖整个部门的后腿。

世界上只有完美的团队，没有完美的个人，集体的智慧远大于个人的智慧，集体的力量永远大于个人的力量。一个人即使再完美，也难免会有一些缺点，即所谓人性的弱点。在一个团队当中，每个成员都可以优势互补，绝不让自己拖整个部门的后腿。

一个木桶，不管木桶的其他木板有多长，水总是会从最短的木板那儿流出，这就是木桶效应。我们做人做事都应该注意这个问题，不能让自己成为木桶的短板。

在同一个部门也好，一个团队也好，要发挥出自己应有的作用，在一些事情上力所能及地帮助同事。在同一个部门、团队大家的目标都是一致的，利益也是相同的，帮助别人就是帮助自己。在工作中锻炼自己，多学习，培养自己的能力，把自己打造成同事中、团队中不可或缺的一个人。

要想成为部门中不可或缺的一个人，就必须苦练基本功，熟练掌握本行业的知识，还要对市场有敏锐的洞察力，对行业发展前景有深刻的认识。而最主要的是能在遇到挫折、困难时，能鼓舞激发起大伙的斗志，给同事们信心，使大家相信没有什么困难能够阻挡我们前进的步伐，只要迎难而上，团结一心，就会攻克难关，走向胜利的彼岸。

怎样才能让自己变得优秀呢？一定要多读书，多读书会开拓自己的眼界，因为书籍中蕴含着千百年来人类的智慧与理性，会让自己变得聪明，变得思维活跃，还能在黑暗的日子里鼓励自己，给自己打气。

多读专业的书籍、杂志可以及时补充最新的信息，让自己的思想走在时代最前端，还可以使自己在工作时产生灵感。多读其他的书、杂志可以拓展自己的知识面，对生活的这个世界了解得更多，让自己变得眼光开阔，思考问题从大方面着眼，考虑事情全面周到。

为了让自己不拖整个部门的后腿，要多读书、多学习；为了让自己在整个部门中变得优秀、变得出类拔萃要多读书、多学习；为了让自己的部门变得更加有竞争力、战斗力，需整个部门的同事一起多读书、多学习。形成一种好学肯干之风，那么在不久的将来，不仅个人的精神面貌焕然一新，整个部门也会变得更加有朝气、有战斗力。

第五章　做人诚实守信，失信于人难服人

——改掉不守信用的习惯

要养成诚实守信的习惯，与其以力做事，不如用诚做事；与其用力服人，不如以诚感人。只有讲信用，才能走出一条自己的路。在为人处事上要坚持诚实守信，只有这样才能维护自己在社会上的声誉，只有诚实守信的人才能真正地成就自己。

1. 你对别人真诚，别人对你真心

什么是"真"？就是不做假、不欺人，做人讲究人品之真，做事之真。只有具备这种品质的人，才会敞开心扉给人看，使人们了解他、接纳他、帮助他、支持他。

真诚的人到哪里都受人欢迎，人们也愿意和一个真诚热情的人交往。

完善的人格魅力，其基本点就是真诚，而真诚待人，恪守信义亦是赢得朋友的必要前提。待人心诚一点，守信一点，能更多地获得他人的信赖、理解，能得到更多的支持、合作，由此可以获得更多的成功机遇。

一般来说，人们主张知人而交，对不是很了解的人，应有所戒备，对已经基本了解、可以信赖的朋友，应该多一点信任、少一些猜疑，多一点真诚、少一些戒备。也没必要对那些完全值得信赖的朋友真真假假，闪烁其词，因为这样做的结果可能会失去这个朋友。

著名翻译家傅雷先生说："一个人只要真诚，总能打动人的，即使人家一时不了解，日后便会了解的。"他还说："我一生做事，总是第一坦白，第二坦白，第三还是坦白。绕圈子，躲躲闪闪，反易叫人疑心。你耍手段，倒不如光明正大，实话实说，只要态度诚恳、谦卑、恭敬，这样许多人就争着和你交往。"

以诚待人是人们之间值得信赖的心灵之桥，通过这座桥，人们打开了心灵的大门，并肩携手，合作共事。自己真诚实在，肯露真心。"敞开心扉给人看"，对方会感到你信任他，从而卸除猜疑、戒备，把你作为知心朋友，乐意向你诉说一切。其实，每个人的思想深处都有封锁的一面和开放的一面，人们往往希望获得他人的理解和信任。然而，开放是有选择性的，即向自己信得过的人开放。

以诚待人，能够获得他人的信任，能争取到一位用全部身心帮助自己的朋友。在每个人发展人际关系，与他人打交道的过程中，如果防备猜疑被诚信取代，就往往能获得出乎意料的好成绩。

这里有关于达尔文的一个故事。英国一个作家为了编写一本书，采访了达尔文。达尔文的坦率是人尽皆知的，为此，这个作家不客气地问达尔文："您主要的缺点是什么？"达尔文答："不懂数学和新的语言，缺乏理解力，不善于合乎逻辑地思维。"他又问："您的治学态度是什么？"达尔文又答："很用功，但没有掌握学习方法。"

听过这些话的人无不为达尔文的真诚与坦率而鼓掌。应该说，达尔文这样蜚声世界的大科学家，回答作家提出的问题，说几句不痛不痒的话，甚至为自己的声望再添几圈光环，有谁会产生异议呢？但达尔文不是这样，他实话实说，甚至把自己的缺点毫不掩饰地袒露在人们面前。我们敬仰这样的品格，也只有高尚的品德才能换来真挚的信赖和尊敬。

《晏子春秋·内篇》中就有"信于朋友"的话，把"信"看成是朋友之间的一个重要环节。在封建社会被视为五常之一的"信"是人的一种美德。过去小孩子的启蒙读物《幼学琼林》中，就有专门讲交友的章节，并有种种概括："尔我同心曰金兰，朋友相资曰丽泽。心志相孚为莫逆，老幼相交曰忘年，刎颈之交相如与廉颇，总角之好孙策与周瑜。"这里所指的都是来源于真诚待人的深厚友情。

我们要懂得人与人的感情交流具有互异性。融洽的感情是心的交流。真诚待人，敞开自己的心扉，肝胆相照，赤诚相见，才会心心相印。真诚在友谊宫殿中的光泽不仅未因岁月流逝、时代变迁而减弱，反而随着社会的进步增添了光彩。

如果为人处世离开了真诚，则无所谓友谊可言，一个真诚之人的心声，才能唤起一大群真诚之人的共鸣。"投之以木桃，报之以琼瑶。"我们的生活中应充满真诚。养成真诚待人的心态，也只有这样，每个人的心灵才会美好而快乐，才会安全地生活每一天，才会在事业上获得更多的帮助。

精诚所至，金石为开。真心诚意的力量是巨大的，这是无法用科学方法去加以分析的，"真心诚意"是一个人内心真实的自然涌现，所以能直接感动对方，和对方内心的真实情感产生共鸣和交流，而且超越了现实利益的层次。

用"真心诚意"做事，就容易获得别人的合作，甚至为你吃亏也不在乎；用"真心诚意"做人，则容易获得别人的接纳。不过，很重要的一点是——如何让对方感受到你的"真心诚意"？

既然是真心诚意的，就要不怕困难，锲而不舍，敢于付出，用诚实谦和的态度去做事，去感动他人。

锲而不舍：就是不计时间，不计次数地持续下去，因为时间也是一种"支出"，如果不是真心诚意，早就放弃了。

不惜工本：人都怕花无谓的钱。如果不是真心诚意，敢花这种钱吗？这么说，穷困的人就没希望表现出他的"真心诚意"了？那也不然，他们大可坦白说明自己的情况，对方会针对他们的状况另行考虑，"诚于中，形于外"，对方是会感受到的。

要做到对人真心诚意并不难，重要的是要对人感兴趣并真挚关切。这就需要下一番功夫了。

美国著名成功学大师卡耐基说过一句话："帮助别人就是帮助你自己。"这句话说得很好，想要成就自己的人要记住这条原则，在今后的事业、生活中，养成真诚的习惯，做一个真诚帮助他人的人。

2. 一诺千金，做不到别许诺

不论在生活上或是工作上，一个人的信用越好，就越容易打开局面，同时也能更好地驾驭众人。所以，你必须重视你自己所说的每一句话，好人缘总是眷顾那些说话算数的人。

一诺千金，说一不二，做事就该这样，也只有这样才能赢得他人对你的信赖，觉得你是一个值得交往的人。

不管在什么情况下做什么事，都要对自己所说的话负责。要用自己的行动来说服别人的异议，让他们看到自己所做的一切。也只有这样做才能给人一个可信的面孔，这样接下来的工作进行起来也就顺利多了。食言的人没有办法取信于人，更无法管理和威慑他人。历史上著名的改革家商鞅为了尽快实施自己的变法主张，巧设计谋树立"守信誉"的形象。

公元前350年，商鞅积极准备第二次变法。商鞅将准备推行的新法与秦孝公商定后，并没有急于公布。因为他知道，如果得不到国人的信任，新法是难以施行的。为了取信于民，商鞅采用了这样的办法。

这一天，正是咸阳城赶大集的日子，城区内外人声嘈杂，车水马龙。时近中午，一队侍卫军士在鸣金开路声引导下，护卫着一辆马车向城南走来。马车上除了一根三丈长的木杆外，什么也没装，有好奇的人便凑过来看个究竟，结果引来了更多的人，人们都弄不清怎么回事，反而更想把它弄清楚。人越聚越多，跟在马车后面一直来到南城门外。

军士们将木杆抬下车，竖立起来。一名带队的官吏高声对众人说："大良造有令，谁能将此木搬到北门，赏给黄金十两。"

众人议论纷纷。城外来的人问城里的人，青年人问老年人，小孩问父母……谁也说不清怎么回事。因为谁都没有听说过这样的事。有个青年人挽了挽袖子想去试一试，被身旁一位长者一把拉住了，说："别去，天底下哪有这么便宜的事，搬一根木杆给十两黄金，咱可不去出这个风头。"有人跟着说："是啊，我看这事弄不好是要掉脑袋的。"人们就这样围观议论着，还是没有人肯上前去试一试。官吏又宣读了一遍商鞅的命令，仍然没有人站出来。

城门楼上，商鞅不动声色地注视着下面发生的一切。过了一会儿，他转身对旁边的侍从吩咐了几句。侍从很快奔下楼去，跑到守在木杆旁的官吏面前，传达商鞅的命令。官吏听完后，提高了声音向众人喊道："大良造有令，谁能将此木杆搬至北门，赏黄金五十两！"

众人哗然，更加认为这不会是真的。这时，一个中年男子走出人群对官吏一拱手，说："既然大良造有令，我就来搬，五十两黄金不敢奢望，赏几个小钱还是可以的。"

中年男子扛起木杆直向北门走去，围观的人群又跟着他来到北门。中年男子放下木杆后被官吏带到商鞅面前。商鞅笑着对中年男子说："是条汉子！"拿出五十两黄金，在手上掂了掂，说："拿去！"

消息迅速从咸阳传向四面八方，国人纷纷传颂商鞅言出必行的美名。商鞅见时机成熟，立即推出新法。第二次变法就这样在秦国推行开来，新法给秦国带来巨大的变化，使得秦国更加强大了。

《周易》中说："天之所助也，顺也；人之所助也，信也。"由此可知"信"，在我国源远流长可以追溯至殷商时代。孔子曾就此问题问过他的学生子贡："足食，足兵，民信三者哪个更重要？"子贡想了想，却反问孔子，去二留一怎么办。孔子想了想说："去兵，去食，惟民信不可去，自古皆有死，民无信不足。"治理国家这样，人与人之间的交往也这样。明白了"信"的巨大作用，我们更应该一诺千金，说一不二。

要想成就自己，必须养成一诺千金，说一不二的好习惯，否则会失信于人，失去做人的品质，无形之中也会让自己丧失很多机会，对自己来说有百害而无一利。

3. 信誉不是用金钱来衡量的却能换来金钱

诚信是一种资源，我们都应视诚信为立身之本，诚信在社会交往中起着不可替代的作用，没有诚信就无法在社会中立足，重情守信之人才是大丈夫，才能赢得人心。

一个人立身处世，信用很重要，这是人的名誉之本。对于商人来说，信用的有无，更是决定生意成败的生死线。但信用绝非一朝一夕之功便可树立。

人们常说的"君子一言驷马难追"，其实说的就是人的信用。一个没有信用的人，是为人所不齿的。现在的生意场上，公司、企业做广告、做宣传，树立它们在公众心中的形象，就是想提高公司、企业的信用度。信用度提高了，人们才会相信你、愿意和你打交道，最终才有可能谈成生意。否则名声不好，一听到名字就皱眉直接走掉了，哪里还有生意可谈？不过人也好，公司企业也好，信用的取得最终靠行动，不是靠说几句漂亮的话、几句响亮的广告词，几次优惠大酬宾便可做到。

刘先生是香港一家杂志社的编辑，曾经因为很好的社交形象树立起了自己的信誉，不到半年就由一个普通的编辑一跃成为一家刊物的主编。最初，刘先生在实行计划时，先向一家银行借了一笔他并不急需的钱，他借钱之后并没有使用，而是放进了抽屉搁置起来，当还款日期一到，就马上把它还给了银行。这样如此几次之后，他得到了这家银行的信任，逐渐地，银行借给他的钱数额也大了起来。为什么银行会相信他呢，就是看他之前的还款记录，因为表现很好，银行对他的评价是信誉度高，所以才允许把大额贷款给他。

刘先生萌生了自己办杂志的想法，不过他估计办个杂志至少需要3万美元，可是自己手头上总共才有1.6万美元，他想到了那家银行，找每次给他办理贷款手续的那个职员，刘先生将计划原原本本地告诉他以后，他表示愿意借给刘先生1.4万美元，不过还得和银行的经理商量一下。银行经理详细看过刘先生的贷款记录后，同意贷款给他，并且说："虽然对刘先生不是很熟悉，但注意到几年来刘先生一直向我们借款，最主要的是每次都能按时还清，这样的客户我们信任。"刘先生则是这样光明正大的使用心计获得别人的信赖的。

其实，要想获得众人的信任，铸就自己的信誉品牌，不论采取哪种方法，笃诚守信还有勤劳都是最根本的要诀。

一个人一旦失信一次，那么下次人们就再也不愿意和他交往或有生意上的往来了。

任何事业要成功都需要持之以恒，要获得别人的信任也是如此。良好的态度要以一贯之，千万不要今天扮了一天的笑脸，明天难以自制而故态复萌，显出粗俗急躁的本性。一个志向高远、决心坚定的人，做任何事情都会有始有终，不会半途而废，否则，绝难获得人们的信任。

事业如此，治理国家也是这样。

司马光曾经说过："信义，是君王的最大法宝。国家靠人民保护，人民靠信义保护。不讲信义，就无法使唤人民；没有人民，就没有办法守卫国家。所以，古代的君王，不欺骗天下之人；称霸天下的人，不欺骗邻国；善于治理国家的人，不欺骗自己的臣民；善于持家的人，不欺骗自己的亲人。不善于称王称霸，治国持家的人正好相反，欺骗邻国，欺骗百姓，甚至于连自己的兄弟父子也要欺骗。上面不相信下面，下面也不相信上面，上下离心离德，最终导致失败。这岂不是太可悲了吗？"司马氏之言，确有一番道理可寻。

重情守信之人，别人就愿意与他合作。有一个美国孩子，他父亲早逝。他父亲去世时留下了一堆债务。若按常规，欠债人已去，把他的商品拍卖分掉，债务差不多也就算了。但这个孩子——拜访债主,希望他们宽限自己,并保证父亲留下的债务他会分文不少地偿还。后来这孩子竟然历时20年,把父亲留下的债务,连本儿带息,分文不少地全还了。周围的人都非常感动,知道他是一个可靠之人,也都非常愿意和他做生意。结果这孩子不但赢得了别人的合作,也博得了他人的尊敬。

与人合作,守信是第一大原则。守信,会使人对你产生敬意,也因之使人愿意公平地与你合作。和一个不守信用的人合作考虑到失信的危险,人们通常会把合作的费用提高,以防万一。比如你是一个信用度不是特别高的人,那你要拉别人的货物,一般是要先付款,但是如果别人知道你很讲信用,或者另一个商界同行出面说你非常可信,那么打交道的对方就可能很放心地让你把货先拉走,卖完货后再付款。一个要占大量资金,另一个几乎等于空手赚钱,这中间的出入,就是信用的价值。

人际交往中诚信的建立非常重要,首先示人以诚,各种策略才能有效实行;若失信于人,任你再高明的计谋也无法实现,任何事业也很难做成。古人云:君子一言既出,驷马难追,言出必行,行则必果。这是做人的学问,也是处理好人际关系、树立起自己威信的方法。

4. 诚实要发自内心

虽然真诚可以促进双方感情,提高人气指数,但是真诚待人,并不是不分场合、时机、对象盲目地对人真诚。值得真诚相待的人,绝对不能轻率应付;不该付出真诚的人,就要酌情对待,以免被他人利用。

不管在哪一行业,身为老板都喜欢真诚老实的员工,重要的任务也愿意交给这样的人去处理。这样的人不仅在职场畅通无阻,在生意场、社交场等都不会有太大的障碍。

真诚的人在哪里都受欢迎。真诚是一种美德,诚实待人可获得好人缘,提高自己的人气；真诚是一种胸怀，利益面前说出问题真实一面；真诚是一种境界，它需要有勇气去面对自己的错误。真诚的人容易受到机会的青睐，创造机会的人正是你身边受过你真诚相待的朋友。

北宋著名词人晏殊有这样一个故事。晏殊在还没有成年时参加殿试，考试时，他看了试题后说："我10天前已经做过这个题目，而且文章草稿还保存着，请皇上换别的题目吧。"宋真宗对晏殊这种诚实的表现非常欣赏。

有一年，宋真宗特许臣子们挑选旅游胜地举行宴会。不管大小官员都积极地报名参加，晏殊由于生活拮据，没有钱出去游玩，便留在家中与兄弟读书论理。

有一天，宋真宗为太子挑选辅佐的官员，众人中宋真宗挑选了晏殊担此大任。当朝宰相不明白皇帝的真正用意，真宗解释说："我听说各级官员，无不游山玩水，大吃大喝，通宵达旦，歌舞不绝，惟有晏殊闭门与兄弟读书，如此谦厚，正可担当辅佐太子的重任。"晏殊听说后，坦白地告诉了宋真宗说："我并不是不喜欢游乐吃喝，只是因为我当时没钱，如果有钱，这些旅游宴会我也会参加的。"宋真宗听完晏殊的解释，不但没有生气反而更加重视他。宋仁宗时，晏殊被提升为当朝宰相。

诚是一个人的根本，待人以诚，就是信义为要。精诚所至，金石为开，诚能化万物，也就是所谓的"诚则灵"正说明了诚的重要性。相反，心不诚则不灵，行则不通，事则不成。一个心灵丑陋、为人虚伪的人根本无法取得人们对他的信任。所以，荀子说："天地为大矣，不诚则不能化万物；圣人为智矣，不诚则不能化万民；父子为亲矣，不诚则疏；君上为尊矣，不诚则卑。"明人朱舜水说得更直接："修身处世，一诚之外更无余事。故曰：'君子诚之为贵。'自天子至于庶人，未有舍诚而能行事也；今人奈何欺世盗名矜得计哉？"所以，诚是人之所守，事之所本。只有做到内心诚而无欺的人才是能自信并取信于人的人。

曾经有一个小伙子，他与年迈的父亲一同住在海边。性格孤僻的他，很少与同龄人一同玩耍，因此，他天天坐在海边与海鸥一同嬉戏。

久而久之，他与海鸥之间形成了一种默契，只要他站在海边，吹一声口哨，就会出现成百上千的海鸥降落在他的周围，他跑，海鸥盘旋在他的上空；他坐，海鸥落在他的肩上；他躺在沙滩上，海鸥就在他的身上憩息。远远望去形成了一道美丽的风景，人人见了无不称奇。

后来，有人对他父亲说："你儿子与海鸥的关系如此亲密，就拜托他捉几只回来玩玩。"父亲也觉得新鲜，就对他说："乡亲们听说你经常与海鸥一起嬉戏，关系甚是友好，给我也捉一只来吧，我也想体验一下那滋味。"小伙子点头答应了父亲的请求，捉了一只回家。

第二天，他与往日一样，刚到海边，就吹起了长长的一声口哨，一群海鸥马上就出现在他的上空。可是，奇怪的事情发生了，无论他多么努力吹口哨，海鸥仍然盘旋在他的上空，就是不肯与他接近。小伙子仰望天空，突然明白了什么，然后深深地埋下了头。

与人交往贵在真诚，世界上希望被朋友算计的人恐怕没有。因此，真诚相待已成为结交朋友的一项永不更改的法则。如果对朋友心怀鬼胎，那么被朋友孤立是迟早要发生的事。

怎样才能做一个真诚的人呢？这就要求人们从生活中的一点一滴开始做起。

（1）真诚要发自内心

话说得漂亮不管用，重要的是你的心真诚不真诚。心口不一、巧言令色，只会让他人心生反感。任何人都不糊涂，早晚会看穿你的阴谋，因为内心不诚，即使嘴巴上说得再好听，也会被对方发现破绽，岂不是徒劳无功？反之，如果真诚是发自内心的，即使拙嘴笨舌、不善言辞，从行为上他人也能体会到你的真心实意。只要双方没有什么误会，你真诚地对他，对方必定会感激你，不知什么时候会给你送上一份大礼。

（2）骗是真诚的死敌

与人交往时，最忌讳的就是采用欺骗的手段对待朋友。欺骗也许能得一时之利，但绝对不会维持长久，更何况纸始终包不住火，迟早会被他人察觉，一旦东窗事发，你在他人的心目中的形象会一落千丈，即使以后你再真诚对待他，别人也会认为那是一种虚伪的姿态。

或许你曾经遇到过这样的人：你以一颗真诚的心去对待他，他却以虚伪的态度应付你。这时，你可能会对真诚的作用产生怀疑，为自己的真心付出而感到不值。

其实，大可不必怀疑真诚的作用，因为你所遇到的只是一个例外，真诚对于绝大多数人还是生效的。换种说法，也许你的真诚还不足以打动对方的心。对一切你要采取"反求诸己"而不是"求诸人"的态度，这是以真诚打动人的唯一原则。

（3）对人真诚也要分清状况

如果对方是一个颇有心计的人，你还与之深交、畅所欲言，只能说明你是一个愚蠢的人。

真诚有三种限制：一是人，二是时，三是地。对人真诚袒露胸怀时必须具备这三个条件。是其人但时机不对，不能一吐为快；时机成熟，倾诉的对象不对，也不能说；倾诉对象和时机都成熟，但地方不对，依然不能说。只有同时符合这三个条件，才能拿出你的真诚。当然这与上面所讲的对人要真诚的说法并不矛盾。

以上三条真诚准则看起来有些微不足道，但是当你按照此方法去做了，一定能够体会到其中的巨大力量，它将使你受益无穷。最终，你会明白，任何一件有价值的事，都包含有它本身不容违背的真诚内涵，当你探究其中的真谛时，会发现自己的做人方法也在逐渐地完善。

对人要真诚，将心比心、投桃报李的道理每个人都懂，而大部分在交际中获得成功的人，也是这样做的。你将一颗真诚的心交给对方，对方也一定回报你一份真挚、浓厚的情。

总之，真诚待人是一种习惯，习惯的养成来源于生活中的小事，因此，要成为一个真诚的人必须从小事做起。

5. 信用是做人的最大资本

诚则有信，信则获誉。人际交往中的猜忌，因无诚信而生，因有诚信而消。

诚则有信，信则获誉。因此，诚实是立足于社会的重要本钱之一。建立信誉，树立正直诚实的品格，才能让人觉得你靠得住，值得信赖，你的收获才会无穷。做人要谨记：千万不能为一时的利益而伪诈毁信，这样做只能让你得不偿失。

日本山一证券公司的创始人小池说："做生意成功的第一要诀就是诚实，诚实像是树木的根，如果没有根，树木就别想有生命。"这的确是小池经验之谈，他正是因诚实而起家的。

小池20多岁时开小池商店，同时替一家机器制造公司当推销员。有一个时期，他推销机器很顺利，半个月内便跟33位顾客签订了契约，并收了订金。之后，他发觉所卖的机器比别的公司出产的同样性能的机器贵，感到很不安，立即带契约书和订金，整整花了三天时间逐家逐户去找订户，老老实实说明他所卖的机器价钱比别人卖的机器贵，请他们废弃契约。这使订户深受感动，结果33人中没有一个废约，反而对小池极其信赖和敬佩。消息传开，人们知道小池经商诚实，纷纷前来与其做生意，给小池带来了滚滚财运，这就是诚实守信的魅力。

三国时，孙策任用吕范主管东吴财政大权。孙策的弟弟孙权此时年少，总是偷偷地向吕范要钱，吕范则一定要请示孙策，从来没有独自答应孙权。因这事孙权对吕范很有意见。后来，孙权任阳羡县令，建立了自己的小金库以备私用。孙策有时来查账，担任功营一职的周谷总是为孙权涂改账目，造假单据，使孙策没有理由责怪孙权。孙权这时很感谢周谷。

后来，孙权接替孙策统管东吴大事，因为吕范忠诚，特别受到孙权的信任，而周谷却因为善于欺骗和更改账目、造假账而再也没有得到孙权的重用。

通过上面两个例子我们可以知道，诚实的人总会受到人们的信任和重用。而不诚实的人，早晚会失去一切。即使之前对他人有恩，但别人也会对不诚实的你小心提防。所以要养成诚实的好习惯。

在社会上失去诚信之后，别人就不敢再轻易相信你，因而也不敢轻易与你来往，这就造成了与人相处的尴尬，你的事业支柱就有倾覆的危险。

曾有这么一个故事：

一个商人临死前告诫自己的儿子："你要想在生意上成功，一定要记住两点——守信和聪明。"

"那么什么叫守信呢？"儿子焦急地问道。

"如果你与别人签订了一份合同，而签字之后你才发现你将因为这份合同而倾家荡产，那么也得照约履行。"

"那么什么叫聪明呢？"

"不要签订这份合同！"

这位商人指明的道理不仅仅适用于商业领域。不管在何种情况下，如果你已经许下诺言，你就不能反悔。假如你已经作了某个承诺，而你却言而无信，最终必然导致糟糕的局面，吃亏的还是你自己。

诚信永远都是我们最大的资本，也是良好的品行。

6. 言出必行，说到就要做到

诚实守信，言出必行是做人的法则，在生意场上如此，在做人上更应视它为准绳，用它来衡量自己，因为它可以给你带来很大的帮助。松下幸之助的事例会让你体会到诚实守信，言出必行的可贵。

诚实守信，言出必行，这见证着一个人是否值得信赖。

1927—1928年间，日本松下电器有了突飞猛进的发展，到1929年为止，工厂就拥有三处，员工数量达到300多人，而且还在不断地成长中。这时松下决定建设一个营业所和一个大工厂。方案设计出来后需要资金共计14万元，其中包括：土地500坪，建筑350坪（包含住宅），土地的价钱5万元，建筑设计的金额是9万元。当时松下手中只有5万元，再加上内部设备的置办费四五万元，除去5万元还差15万元。销出手里积压的所有库存也凑不齐15万元。没有其他办法，松下只有向银行贷款。

1928年10月，他找到住友银行西野田分行的经理，向他说明了来意并把自己的计划告诉了他。

经理竹田氏说："松下先生，我知道你们的事业愈做愈大，经营得也很红火，这是一件可喜可贺的好事。看到像你们这样不断发展的顾客前来我们银行贷款我们感到非常地高兴，不过，你们到底需要多少钱？"松下把已经计算好的各项费用向经理一一介绍了一遍。"一切准备就绪后，生产量会增加，周转金也会增加吗？"银行经理继续问道。"大概七八个月的时间工厂就能盖好，而在这七八个月间我打算用所收的利益作为周转金。总而言之，总计起来需要向银行贷款15万元，我的计划就可以行得通。随着销售量的每月增加，市场的逐渐增大和稳定，我们一定能如期偿还这笔钱，这一点请放心。"松下坚定地回答。

接着松下又把松下电器当时的生产状态、销售状况以及资金的回收情况详细地向对方介绍了一遍。竹田氏听完了之后说："我已经清楚了，很好。15万元，不是个小数目，这么大的一笔钱照常理来说需要保证人的，但你们诚实守信，言出必行。我们很信任你们，更何况你们又是我们的老主顾，所以保证人就免了。不过，我得跟本行商量，请给我两三天的时间。我很欣赏你出言不改的作风，15万元是不少，可我愿意尽力帮忙。"

三天后，银行给松下带来了福音。"我们同意借15万元给你。但是15万元全部没有抵押，恐怕有困难。按照规定，15万元的贷款，抵押品至少要在20万元以上。我考虑到你们的情况可能没有适当的抵押品，所以用这一次要买的土地和建筑物做抵押好了。我们银行是不欢迎不动产的，对您已经是特别优待的了，不够的部分，用信用贷款通融。只不过，我们贷款的期限不是很长，必须在两年以内还清。松下先生有没有把握还上这笔贷款呢？"对方问松下。松下听后认为对方的条件很有道理，如果要抵押，也只有用5万元买进来的土地而已，建筑先借钱，等盖好了以后才抵押，等于是暂时没有抵押的。这样银行对他真的已经是特别优待的做法了。可是，他转念一想，这样做对松下电器的声誉又会有所损伤，厂房还没有盖起就要"拿不动产做抵押向银行贷款"，他心里有100个不愿意，特别是做抵押就必须登记，这样一来就等于向大家公布了松下有负债，对现在正要开始发展的工厂信用有影响，应尽量避免比较好。所以，松下为难地说："你们对我们的优待我很感谢你们，照你们所说的方法，几乎等于是信用贷款。可是拿不动产去向银行贷款而且还要登记，对我们松下电器会造成不良的影响，这是我们必须慎重考虑的地方。其实银行给我们这么多优待，我本来不该再提出什么要求，可是，能不能用无条件贷款的方式办理呢？15万元在两年之内还清对松下电器来说是没有问题的，这一点请相信我松下。至于土地产权书和将来盖好之后的建筑物产权书，放在银行保管都是可以的。我松下以人格向银行保证一定如期还上贷款。请相信我这个人，答应我的要求。竹田氏似乎很信任松下，立刻回答说："好，我再跟本行商量一下，把你的顾虑转达给我们银行，我也会尽量帮你想办法。"又过了两天，银行终于同意了松下的要求。

1928年11月，得到15万元银行贷款的松下，迫不及待地兴建总行及总厂。虽是1927年银行恐慌之后的不景气时期，但松下的事业蒸蒸日上，不但没有受到经济不景气的影响，反而更进一步兴建总行和总厂，在业界引起了强烈反响。可是，当大家得知松下不用抵押也可以向银行贷款时，对松下电器的信任程度也逐渐加深了。

1930年5月，建筑工程顺利完工，搬入新工厂的松下电器从此迈上了电器发展的第二个活跃期，在电器行业赢得了更加稳固的地位，松下电器可以继续扬帆向新的领域进军了。

1929—1930年，面对全世界经济最不景气的时期，松下电器已成为业界最关注的对象。当年7月，滨口内阁成立的同时，政府采取了紧缩政策，到了井上财政部部长计划"黄金解禁"的时候，财经界受到了极大的冲击，经济一天天萎缩，不景气的现象更加明显了。11月，大家所期盼的黄金解禁终于结束了。虽然这种情况的发生早已在人们的预料之中，可是仍然引起了财经界动乱。物价不但急剧下跌，就连销售量与以前相比也明显地减退。每天在报纸上都能看到某某工厂缩小规模或倒闭、员工减薪或解雇的消息，为此产生了很多劳资纠纷。财经界的不稳定，给社会带来了很大的影响，情况日趋严重化。劳工会就此机会开始活跃起来，钟纺公司就员工的待遇问题上一直是全国模范，面对财经界的动荡不稳，职工工资也不得不减少，因此也发生了纠纷。厂长津田氏为了调解纠纷问题而四处奔走。钟纺的纠纷经过报纸报道后，财经界又兴起一场震撼。看到钟纺这么优良的公司，也受到这么大的影响，其他小工厂也就更不用提了。财政部部长井上准之助遭暗杀，其原因就在此。

松下电器并没有躲过这一劫难，和其他公司一样，销售额剧减。12月底，仓库里的滞销品已经堆积如山。更糟的是，他的总工厂刚刚建成不久，资金周转不过来为渡过难关更加强了难度。松下清楚地意识到，这种情况持续下去，工厂只有倒闭这一条路可走。

为了减少损失只能减少生产量，同时员工也要相应地减少。在这个紧要关头，松下又偏偏躺在病床上，主治大夫再三强调松下的病要到西宫去静养。此时，井植和武久两位为松下打理工厂的事，为了解决眼前的危机花了很多心思。得出的结论是：裁员。当他们把这个决策汇报给松下时，松下精神立即振奋起来。松下告诉他们："我们公司的员工一个都不能减少，我曾说不论遇到什么困难都不会裁员，说话要算话，这样员工才信任你。这样吧，生产额立刻减半，但员工一个也不许解雇，工作时间由一天减为半天，但员工的薪资按照全额发放。不过，员工们得全力销售库存品。用这个方法，先渡过难关，静候时局转变。这样，我们也可因而获得周转资金，工厂也可以免于倒闭，松下电器在员工心目中的形象也保住了。至于半天工资的损失，相比之下，也不是大问题了，在这为难的时刻将员工们团结起来让他们有'以工厂为家'的观念，才是最重要的。所以不得解雇任何一个。"井植和武久听过松下的话，高兴地对他说："您的意思我们一定如实地转达给每位员工。并且遵照您的意思行事。请您安心养病，毋须挂虑。"回去之后，他们立即召开了全体员工大会，将松下的意思一字不漏地传达给广大员工，并表示将按松下既定的计划做事。员工们听后一片雀跃，纷纷表示愿与松下电器共存亡，一定会尽全力销售公司库存。意想不到的事情发生了，公司库存所有滞销的产品，由于员工的齐心协力推销，不但没有剩余，反而造成生产量不够销售的现象，创下公司历年来最大的销售额，帮助公司顺利地渡过了难关。

在西宫疗养所养病的松下，每天听取经营状况的简报，想到员工们精诚竭力销售公司库存的情景，感到莫大的欣慰，精神也好了许多。与此同时，松下为自己准确地判断能力而感到相当满意。

松下电器坚持"诚实守信，言出必行"的原则，不但没用一分钱的抵押品就在银行获取15万元的贷款，而且在危机重重的经济动荡之际获得了收益。诚实守信，言出必行。要想让自己获得他人的信赖就必须做到这一点。有信誉的人才能得到大家的帮助，最终才会有所成就。

7. 出尔反尔，最终会遭唾弃

诚信是做人最高尚的品质之一。只有讲诚信的人，才能够坦然无愧地屹立于天地之间；只有守信用的人，才能够赢得别人的尊重和信任。出尔反尔必失信于人，最后必定是死路一条，甚至连性命都难保。

孔子说："信近于义，言可复也。"一个做事做人均无信的人，是很难在社会上立足的，因为人们均不齿于那些言而无信的人。

三国时的吕布勇冠天下，但品性极差，出尔反尔，反复无常，最终害了自己，命殒白门楼。吕布之勇冠绝天下，如此之勇士却在乱世不能安身立业，为什么？究其原因，其个性多变、反复无常，最终一事无成，反而丢了性命。

吕布本荆州刺史丁原义子，后却投降了董卓，在《三国演义》中是这样记叙的：

卓曰："吾观吕布非常人也。吾若得此人何虑天下哉！"帐前一人出曰："主公勿忧。某与吕布同乡，知其勇而无谋，见利忘义。某凭三寸不烂之舌，说吕布拱手来降，可乎？"卓大喜，观其人，乃虎贲中郎将李肃也。卓曰："汝将何以说之？"肃曰："某闻主公有名马一匹，号曰'赤兔'，日行千里。须得此马，再用金珠，以利结其心。某更进说词，吕布必反，来投主公矣。"卓问李儒曰："此言可乎？"儒曰："主公欲取天下，何惜一马！"卓欣然与之，更与黄金一千两，明珠数十颗，玉带一条。

这实则是吕布性格的一个侧面反应，说明吕布是贪财忘义之辈。而且李肃早已把吕布的这种性格看得一清二楚。再看一看李肃见吕布之后，吕布的反应如何？

……布惶恐曰："某在丁建阳处，亦出于无奈。"肃曰："贤弟有擎天驾海之才，四海孰不钦敬？功名富贵，如探囊取物，何言无奈而在人之下乎？"布曰："恨不逢其主耳。"肃笑曰："良禽择木而栖，贤臣择主而事。见机不早，悔之晚矣。"布曰："兄在朝廷，观何人为世之英雄？"肃曰："某遍观群臣，皆不如董卓。董卓为人敬贤礼士，赏罚分明，终成大业。"布曰："某欲从之，恨无门路。"

一句"某欲从之，恨无门路"道出了吕布有奶便是娘的个性特点。后来的事也就不再多用笔墨描述了，其最后结果人人皆知。

如果说吕布易主是为了寻求明主，那么他到了董卓那里应该好好地辅佐。可事实并不如此。有句古话叫："江山易改，本性难移。"这句话在某些时候是有道理的，尤其用在吕布身上再恰当不过了，司徒王允的美人计，又让吕布与董卓反目为仇，到最后吕布还亲自刺死了董卓。可见其做人的恶劣本性，反复无常。

吕布被曹操擒到，他竟厚颜无耻地对曹操说："您忧虑的不过是我吕布，今日我已降您，您争夺天下已用不着忧虑了，您亲自率领步兵，而我率领骑兵，用不了多久，天下就可以平定了。"曹操乃世之枭雄，早已看清了个性反复的吕布，对于这样的人岂能用之，最后将其杀了。

吕布在其历史舞台的演绎中，不论是攻伐杀打，还是为人处世，无不反映了他出尔反尔的个性，这导致了最后已经没有活路留给他，只有死路一条。

早在袁术称帝之前，就曾拉拢吕布对付刘备，并向吕布表示要结为亲家，要娶他的女儿做儿媳。吕布很高兴答应了这门亲事。曹操为了不使吕布向袁术靠拢。暂缓对吕布的进攻，并写信给吕布表示愿意共同抗敌，还以献帝的名义发了一道诏书，称赞他杀董卓之功，要他和曹操一起，同心协力辅佐朝廷。于是，是否向袁术靠拢，这又使得吕布犹豫起来。

袁术称帝后，想进一步和吕布交好，为的是将徐州、扬州联合起来，壮大力量对抗曹操。袁术派韩胤出使徐州，把自己称帝的事告诉吕布，并迎接吕布的女儿与己子完婚。吕布考虑了之后，答应了袁术的要求，还派兵送女儿上路。

吕布所属的沛相陈珪，早已倾向于曹操，他听说袁术吕布联姻共同对付曹操的情况后，赶忙去见吕布说："曹公逢迎天子，辅佐图政，名高于世，将征服于四海，将军应当同他同心协力，共商大计，以图泰山那样安定。现在如果与袁术联姻，必然要落个不义的名声，这样下去会很危险的。"

吕布一听又犹豫起来，他想起当初袁术不接纳自己的情况，心中不觉来气，竟改变了主意，立即派人去把女儿追了回来。还把韩胤戴上刑具送到许都，交由曹操处置。

曹操为了进一步拉拢吕布，又以献帝的名义任命吕布为左将军，派使者把诏书、印绶致送吕布。并给吕布写信，表扬吕布制止袁术称帝，对皇室的拥戴，说朝廷仍然信任他，相信他的忠诚，还说是用自己家的好金子为吕布铸的金印，是将自己带的紫绶送给吕布，以表示友好。

曹操的信虽然很短，却很有分量：在山阳屯，送给将军的封诏印绶丢失了，现在皇帝没有好金子，我用自己家中的好金子再为你铸一颗金印，皇家无紫绶，我把所带的紫绶送给你以表达一番心意。将军你所派的使者不好。袁术在淮南称帝，将军上报告给皇上，可是使者没有把你的奏章上报。朝廷相信你，命你再上个奏章，以表明你的心意。

吕布接到诏书、印绶和曹操书信后，非常高兴，马上派陈硅的儿子陈登去许都向献帝谢恩，还带去一条好的绶带酬谢曹操，同时还表示希望朝廷任命自己为徐州牧。

此时吕布又倒向了曹操，可曹操是真心对吕布吗？不是的，陈登到许都见曹操后，乘机告诉曹操，吕布有勇无谋，轻于去就，反复无常，应早日把他除掉。曹操也把心里话告诉陈登说："吕布狼子野心，确实难以久养。如果不是你，别人是很难把他看清楚的。"

曹操当即任命陈登为广陵太守，并把其父陈硅的秩禄增加为"中二千石"。临别时，曹操拉着陈登的手说："东边的事情，就托付给你们父子了。"这里曹操的意思是让陈登父子暗中集合部众做内应，待机除掉吕布。

吕布尝到了自己酿的苦果，在白门楼被曹操勒死了，吕布的死有多方面原因，其势力没有曹操大是一方面，而最主要的原因是其出尔反尔的个性，搞得部众上下离心，内外无一人愿意帮他，都视其为反复无常的人，如此性格之人怎么能取信于人，怎么会让人愿意在其手下做事？

看吕布之辈而感慨，做人要讲诚信，一旦给他人形成出尔反尔的定性思维，在遇到事情之时，不仅没有人帮忙，反而人人欲除而快之。出尔反尔，令人不齿，千万不能做这样的人，要培养自己讲信用的作风，做到言必行，行必果。

8. 为人厚道吃得开

人想要吃得开，无论走到哪里也都要讲诚信。信用是一个人内在气质的反映，是衡量一个人综合素质的天平，来不得半点马虎。诚信是一个人做人的必备品德。厚道的人是最可靠的，也是最聪明的人。

李嘉诚说，他做生意时一直抱定一个信念，就是以诚待人，不投机取巧。他用真诚化解了危机，用真诚赢得了信任。经过无数次的人生洗礼，他更加坚信，诚信是把生意做大的最好法宝。

李嘉诚在做塑胶生意时，不惜重金网罗全港最优秀的塑胶人才，不断地推出新产品。但是，由于资金不足、设备短缺，长江公司的生产规模受到严重阻碍。尽管生意很好，但李嘉诚仍然害怕再陷于前几年的被动局面，不敢放手接受大的订单。

就在李嘉诚为资金发愁时，一个机遇正悄悄地向他走来。

一个欧洲的批发商，对长江厂的产品产生了浓厚的兴趣，立即飞抵香港。这位批发商一边看样品，一边对李嘉诚赞不绝口："比意大利产的还好。我在香港跑了好几家，就数你们的款式齐全、质优物美。"

当批发商参观了工厂之后，非常惊奇，这么漂亮的塑胶花，竟然是在非常简陋的工厂里生产的。这位批发商毫无保留地说："我们早就看好香港的塑胶花，无论品质还是品种，都处于世界先进水平，而价格却不到欧美产品的一半。我是打定主意来订购香港塑胶花的，而且希望大量订购。我也看到了，以你现有的生产规模，根本满足不了我需要的数量。李先生，恕我直言，我知道你在资金方面有一些问题，但你的优质产品确实吸引了我，所以我们可以先做生意，但你必须找一个实力雄厚的公司或个人来担保。"

通过了解，李嘉诚知道这位批发商的销售网遍及西欧和北欧大陆。李嘉诚深知，若能与他结成生意伙伴，将对长江公司的未来发展产生深远的意义。

然而，找谁担保呢？又一个困难摆在了李嘉诚面前。

根据当时塑胶花的市场前景以及李嘉诚的信用和能力，应该说风险微乎其微，但李嘉诚费尽周折，依然没能找到合适的担保人。

在这种形势下，李嘉诚决定最后搏一次，碰碰运气。他和设计师通宵达旦，连夜赶制出了九款样品，他期望能以样品打动批发商，做成这笔生意，若不成，就权当礼品送给批发商做留念，争取下一次合作。结果，批发商对这九款样品十分满意。李嘉诚用自信且执着的口气对他说："请相信我的信誉和能力，我是一个白手起家的小业主，在同行和关系企业中有着较好的信誉。我是靠自己的拼搏和同仁朋友的帮助，才发展到现在这般规模的。您已考察过我的公司和工厂了，大概不会怀疑本公司的管理水平及产品质量。因此，我真诚地希望我们能够建立合作伙伴关系，并且是长期合作关系。尽管目前本公司的生产规模还满足不了您的要求，但我会尽最大的努力扩大生产规模。在价格方面，我保证会是全香港最优惠的。我的原则是做长期生意，做大生意，薄利多销，互利互惠。"李嘉诚的肺腑之言，打动了批发商。

批发商说："李先生，你奉行的原则，也就是我奉行的原则，我这次来香港，就是要寻找诚实可靠的长期合作伙伴，互利互惠。李先生，我知道你最担心的是担保人。我坦诚地告诉你，你不必再为此事担心了，我已经为你找好了一个担保人。"李嘉诚心想：哪里有由对方找担保人的道理？"这个担保人就是你。你的真诚和信用，就是最好的担保。"批发商微笑道。李嘉诚这才明白。双方很快就签署了第一份购销合同。

批发商的提前交付货款，间接地解决了李嘉诚扩大生产规模所需的资金问题。由于批发商对李嘉诚的信誉及他的产品质量有了充分的信任，这位批发商又主动提出将一次性付清货款。

这次成功的合作使长江公司从此站稳了脚跟，在香港塑胶行业内增强了竞争力。

商场上，最好的担保人就是自己。一个人如果能直接证明自己值得信任，有自己的信誉了，那么别人就更容易放心地与你合作。

今天，李嘉诚已经取得了巨大的成就，成为世界级富豪。可是在谈起自己的成就时，李嘉诚认为自己最大的资产是"诚"，他的许多部下也认为他今日的成功靠的就是"诚"字。李嘉诚说，假以时日，如果没有那么多人替我办事，我就是有三头六臂，也没有办法应付那么多的事情，所以成功的关键是要有人能够帮助你，乐意跟你工作。现实中他与长江实业的人同甘共苦，齐心协力，即使事业有成之后，他还是宽厚待人，使得与他合作过的个人或团体，全都对他印象深刻。他的真诚与善待，使下级对他也是忠心耿耿。因此，他的公司的高级雇员都很忠诚为公司服务，行政人员流动率很低。

当他的生意还没有做得很大时，他就说："做生意要以诚待人，不能投机取巧。人一生之中，最重要的是守信。我现在就算再有多10倍的资金也不足以应付那么多的生意，而且很多是别人主动找我的，这些都是因为我守信。"在这个急功近利的时代，人们为了所谓的成功，不惜挖空心思，甚至不择手段。对此类做法，李嘉诚颇为反感，他说："我决不同意为了成功而不择手段，如果这样，即使侥幸略有所得，也必然不能长久。正如俗语所说，'刻薄成家，理无久享'。"正因为有了这样的理念，李嘉诚才赢得了那么多的订单，为他后来的发展打下了良好的基础。

李嘉诚在刚生产塑胶花时，由于市场前景好，忽视了产品质量，从而导致产品堆积如山，无人购买。创业不久的李嘉诚遭到当头一棒，客户纷纷退货，银行催逼贷款。长江塑胶厂遭到重大挫折，痛定思痛，李嘉诚决定坦诚面对现实，力挽狂澜。

为了稳定内部军心，李嘉诚向员工坦率地承认自己的经营错误，承认是自己的失误拖垮了工厂，损害了工厂的信誉，并保证绝不损害员工的利益，希望大家同舟共济，共渡难关。

李嘉诚的坦诚，得到了员工的理解，不安情绪基本得到稳定。

当后方巩固之后，李嘉诚就开始拜访银行、原料商、客户，向他们认错道歉，祈求原谅。他坦言工厂面临的空前危机，恳切地向对方请教拯救危机的对策，并保证在放宽的期限内一定偿还欠款，对该赔偿的罚款，一分都不会少。

李嘉诚的诚实，得到他们中的大多数人的谅解。

紧接着，李嘉诚立即普查库存的积压产品，将其分门别类、选优汰劣，然后集中力量推销，同时将那些次品在质检卡片上一律盖上了"次品"的标记，全部以低廉的价格，卖给专营残次品的批发商。经过一番努力，李嘉诚收回了一些货款，分头偿还了一部分债务，解了燃眉之急。

李嘉诚深感质量的重要，在稍有喘息的空当，抓紧时间对工人进行技术岗位培训，同时筹款添置先进的新设备，以保证质量。

功夫不负有"诚"人，到1955年，长江塑胶厂出现转机。被裁减的员工全部回厂上班，并且李嘉诚还补发了他们离厂阶段的工薪，令他们感恩至深。同年，李嘉诚召开全厂员工大会。他宣布："我们厂已基本还清各家的债款。这表明，长江塑胶厂已走出危机！"员工们欢声雷动。李嘉诚噙着热泪向全厂员工深深地三鞠躬，感谢他们在长江厂最困难的时候同心协力。

为人厚道走到哪里也吃得开，因为你的品质好，谁都愿意帮助你，愿意和你合作。因为和厚道的人打交道放心，有一种安全感，所以想成就自己要培养自己诚信的品质，做人要厚道。

9. 好名声是立足的根本

好名声是人的立足根本，对一个人的发展起着至关重要的作用。因为好名声无法在一朝一夕中形成，好名声是长时间积累出来的。人一定要为自己赢得一个好名声，有了好名声的人，就已经开始了成就自己的第一步，好名声对人的帮助，具有难以估计的效果。

好名声是一个人多少钱都买不到的无形财产。人若有了好名声，只要名副其实便可历久不衰。

在世界石化行业，提到王永庆无人不知。从白手起家到创建台湾塑胶集团，成为名副其实的"塑胶大王"，从因贫穷而被迫辍学到亿万富翁，从米店的一名小伙计到世界华人十大富豪之一，其间经历了无数次磨砺，他讲诚信的经营观念在商界独树一帜。

1973年台塑公司办理的溢价退款案，最终证明王永庆是一个守信的人。

当年，台塑公司为了扩建厂房，需要大笔资金，只得办理现金增资，同时承诺增资股将以每股250元的价格抛出。这一消息使股民们很高兴，他们认为有利可图，于是纷纷出资购进股票。

但是，事情并不像想象的那样顺利。由于石油危机的爆发，台塑的股价开始下跌。第二年，股价已经跌到每股241元。股东们认为台塑占了很大的便宜。在召开的股东大会上，股民要求台塑补足承诺价和市价之间的差额。投资股票本就是有风险的事，股东们的要求不是十分的合理。

但是，出乎人们的意料，王永庆不仅不认为股东们的要求不合理，而且再次作出承诺，假如6月30日的收盘价格超不过244元，台塑将以这一天的收盘价作为标准，补足差价。

然而，形势并没有出现好转，6月30日的收盘价每股仅207元。王永庆毫不犹豫，决定兑现诺言，每股退给股东43元。这样，他一共损失了4000多万元台币，开创了股市上前所未有的先例。

当王永庆决定兑现承诺时就有人劝他，也有人笑他傻，觉得他在白白地扔钱。他们认为诺言不具有法律效力，即使是打官司，王永庆也能获胜的，并且还能保住这4000万元。但王永庆说："做生意，不能光盯着钱看，应该把眼光放远点。台塑损失了4000多万元，但换来的是千金难买的信誉。"

王永庆兑现承诺的美名，不仅在台湾商界及民众中广为传颂，而且在国外也声名远播。一位外国银行的高级主管曾这样说："王永庆的英文签名，就是信誉的保证，可以提供无限的长期贷款。"

事实证明，王永庆这4000多万元花得非常值得！

1978年，当王永庆准备继续扩大台塑公司生产规模，引进高科技的现代化设备，需要巨额外汇资金时。英国的建利百联银行、运通银行与美国信孚银行以很低利息联合向台塑公司贷款1500万美元，而外资银行贷款的唯一条件既不是让台湾当局作担保，也不是用台塑公司的资产作抵押，而是要王永庆签下"王永庆"这三个字。他们的共识是：王永庆是值得信赖的人。

20世纪80年代中期，台湾股市在大环境的影响下，大幅上扬，几年间，股价平均加权指数从2000多点狂升到最高时的12000多点。

台塑集团市场声誉好，旗下的台塑、南亚、台化三家上市公司的股票成了市场上最抢手的股票之一，因此大获其利。1990年3月10日，台塑公司股价一度升至130元，但是到4月中旬，台塑股价猛跌至80元，下跌38%，让投资人个个伤心落泪。

虽然台塑的股票有涨有落，但是股民们并未对台塑企业和王永庆丧失信心，他们仍看好台塑的股票，股民购买人数有增无减。

"得民心者得天下"，王永庆凭借着诚信经营，不断得到股民们的有力支持，使台塑长盛不衰。

10. 以诚信处世，做德行之人

只有襟怀坦荡，光明磊落的人才会以诚信为本，做一个正直的成功者。以诚待人，是成大事者的基本做人准则，道理很简单：诚信为天下第一品牌！青年人做人做事，也要讲"诚信"二字，养成诚实守信的习惯，方可在竞争中取得胜利。

以诚信处事的人到哪都吃得开，德行之人在哪也受欢迎。

我们要诚信处事，因为诚信是为人处世的根本。而"信、智、勇"更是人自立于社会的三个条件。诚信是摆在第一位的。"信"是一个会意字，"人、言"合体。《说文解字》把信和诚互为解释，信即诚，诚即信。古时候的信息交流没有别的方式，只能凭人带个口信，而传递口信之人必须以实相告，这就是诚或信的本义。

要想成就自己，就要做到诚挚待人，光明坦荡，宽人严己，严守信义。只有这样，才能赢得他人的信赖和支持，从而为事业发展打下良好的基础。

孔子的弟子曾子有句话："吾日三省吾身。为人谋而不忠乎？与朋友交而不信乎？传不习乎？"作为一个有德行而对社会有责任心的人，在社会交往中诚信是做人的美德。与朋友交要诚信。"君子养心莫善于诚，致诚则无它事矣。"为官从政要"谨而信"，"敬事而信"，"言而有信"。孔子说："信近于义，言可复也。"一个做事做人均无信的人，是很难在社会上立足的，因为人们均不齿于那些言而无信的人。所以，孔子说："言而无信，不知其可也。"信是离不开诚的！诚是信的基础和保证，诚挚待人，就能严守信义。

真理、正义和公平亦是诚信的原则和标准。朱熹说，人与人要约"合义则言，不合义则不言。言义，则其言必可践而行之矣！"这就是说"轻诺寡信则殆"。在动荡的社会中，人心叵测，因而背信弃义的事也是经常发生。食言而肥的人，所在多有，又如张仪苏秦的故事。又如春秋战国的"盟誓"之风，其无信义可说是朝令夕改，一日三变。因此，"求事"、"要约"、"做人"，信与不信，当看合不合理、合不合义；不合理、义，就如孔子所说："好信不好学，其蔽也贼。"轻言寡信，如苍梧浇娶妻而美，让于其兄；尾生笃信，水至不去而死；如周公恪守臣道，匡扶幼主，忠诚不渝，虽有流言，诚信不惧；齐桓公夹谷之会，许返鲁地，信及诸侯，因而成就霸业；晋文公楚地得信，遵守诺言，退避三舍，成为千古美谈；诸葛武侯鞠躬尽瘁，并七擒孟获安抚南方，边疆的稳定和民族的安居乐业均是由诚信取得的；陆抗、羊祜，互为敌国，而能以诚相待，各自保境安民；朱晖、范式、卓恕一诺必践，不让季布。

　　这些是人人传颂的美德，也是我们应该养成的习惯，继承和发扬这些优秀的东西，并在自己的前进道路上运用起来。

　　只有襟怀坦荡，光明磊落的人才会以诚信为本，才能成为一个正直的成功者。要成为这样的人，首要的是敢于直言，有一说一，有二说二，不夸大，不缩小，不隐瞒自己的观点。说空话，说假话，是诡诈阿谀，都是与坦率直言相对立的，是为人所不齿，所厌恶的。

　　坦荡磊落，本于正，本于诚。坦率诚直的准则是公正，而正直的保证亦是坦诚。在公正忠诚基础上的直言、争鸣、劝谏，才能直而不狡，鸣而不诡，劝而不害，才能起到坚持真理，弘扬正义，抑不平，除邪恶，纠谬误，去诡诈，匡扶正义的作用。否则，没有标准，就会如孔子说的："直而无礼则绞。"造成公说公有理，婆说婆有理，无所适从的局面。

　　西方人常讲："吾爱吾师，吾更爱真理。"中国人也是这样，忠君在其次，为国为民才是真正的忠。"从道不从君"，做人做臣就要光明磊落。由于汉武帝脾气不好，同时又是好大喜功，喜欢征伐的人，所以大多数的臣子对他是极力讨好。但有一位叫汲黯的大臣偏不这样，被世人传为佳话。

　　汲黯在武帝时官至右内史，列于九卿，属于权臣。性情倔强耿直的汲黯容不得坏人坏事，所以往往是有话当面说，不徇私情。当时，大将军卫青的姐姐是皇后，汲黯见他时也不下拜。有人劝他："大将军这样尊贵，你不可不拜。"汲黯就说："就因为大将军有一位见着他不下拜的客人，他便不尊贵了吗？"让劝他的人听了也感到很难堪。武帝常常招集文学儒者，在一起说一些仁义道德的话。有一次朝会时，汲黯对武帝说："你内心里有那么多满足不了的欲望，口头上却说什么要行仁义，像你这个样子难道也想像唐、虞那样使天下大治吗？"这一番话弄得武帝无话可说，连脸色都变了。在场的所有人不禁暗暗地替他捏了一把汗，幸而武帝没发火。下朝后，武帝对身边人说："真厉害呀！汲黯这股子憨劲。"有人责备汲黯不该这样做。他说："天子设置公卿大臣辅佐他治理天下，难道是希望大家都唯唯诺诺，唯命是从，只会阿谀奉承，把他往错路上引吗？我们这些人既已就其位，就应尽职尽责，如果人人明哲保身，国家会是个什么样子？"所以，连武帝也说："古代有所谓社稷之臣，像汲黯这样子的大约也就差不多了。"那些做到直言、襟怀坦白的人往往是有着无私无畏的献身精神。在古代中国，为了维护真理，坚持正义，保证国家社稷的安全和人民的根本利益，不顾个人安危而敢于犯颜抗争者很多。他们作为中华民族优秀传统的传承者，光明磊落，襟怀坦白，敢于直言代表了民族的精神要求，同时亦体现了民族精神刚直不阿的本质属性。

历史上的先人们为青年人做出了榜样，我们不能丢弃这样的美好品质，所以要养成诚信的习惯，坦荡做人，在追求理想和事业的道路上襟怀坦白，做事光明磊落、严于律己、宽以待人，为自己营造良好的发展空间。

孔子说："躬自厚而薄责于人，则远怨矣。"即多检查自身而少指责他人，从而远离怨恨。

唐武则天时，狄仁杰应召回京，被任命为宰相，与当朝宰相娄师德共同辅政。他本人并不知道自己是由娄师德全力举荐的。相反，他老觉得娄师德事事从中作梗，甚至怀疑前一时期自己遭受的政治暗算也与娄有关。因此他常在武则天面前指责娄师德的不是。对此武则天大为不解，终于有一天，她向狄仁杰询问道："娄师德的品行究竟如何？"狄仁杰嘲讽道："他带兵戍边时倒有过战功，其品行好不好我不好说。"

"那么他有没有善于发现和举荐人才的能力呢？"武则天又问。狄仁杰干脆地回答："我和他一起共事，完全没有感觉到这一点。"对此，武则天微笑地拿出一份东西给狄仁杰看。看完后，狄仁杰不禁面红耳赤，原来那是娄师德的奏折。狄仁杰感叹道："娄师德度量这么宽厚，我还处处疑心他，真是惭愧。"此后他主动接近娄师德，俩人关系日见亲密，共同辅政，相处得很好。甚至有一年武则天告诉狄仁杰有人告了他的状，问他愿不愿意知道是谁告的。狄仁杰回答："愿闻臣之过，其他的是不该我知道的。"武则天对他这样宽以待人的胸怀很感动，所以就一直很重用他，信任他。而狄仁杰也常注重向朝廷举荐人才，如桓彦范、敬晖、窦怀贞、姚崇、张柬之等人，位至公卿宰相者有数十人之多。

人与人之间的交往以及解决人交往中出现的矛盾的道德准则是宽人、容人。人非圣贤，孰能无过，容人就要容人之过。人们在日常工作、生活、学习以及交往中，只有相互协调、宽容，才能很好地相处。诚然，每个人身上都有优点，但每个人都不是完美的，都存在不足之处。这时如果能够待人以诚、待人以宽，充分发挥每个人的长处，就会把工作做得更好，切不可争一时之短长。俗话说：进一步山穷水尽，退一步海阔天空。

荀子说过："人力不若牛，走不若马，而牛马为用，何也？"人的力气不如牛大，跑起来没有马快，但牛和马却被人役使，为什么呢？"人能群，彼不能群也。"能够合作是荀子认为的根本原因。说得理论一些：人的社会是由各种人和人之间各种关系组成的，孤立的个人是不可能存在的，也做不成任何事。移山填海，上天入地，创造出许多伟大业绩只因为人能"群"而造成的。人的这种善于合作，善于协调的特性是人类社会发展的一种必然结果，就个人而言，个人事业成功的重要因素是，能否与人合作。曾有人提出过这样的观点："合作就是守信用。"

我们与别人合作，一个基本前提就是要守信用。假如甲有管理才能，乙有一笔资金，有了这两个条件，两人就有合作可能了。如果两个人不相互信任，那么未必就能合作成功。比如甲拿了钱，乙担心他会挪作他用，或会逃之夭夭。所以，我们东方最早的信贷关系是发生在本家族之内，且需要有可靠担保人。

一般说来，具有合作精神的人，都是有胸怀的人，能够严于律己，宽以待人，从大处着眼，不斤斤计较，并且能发现别人的长处。古人讲："泰山不避细壤，故能成其深；河海不择细流，故能成其泽。"

但需明白，我们所指的容人不是要毫无原则地迎合与奉承。宽容是有限度的，既要宽以待人又要守住做人做事的原则；既要讲合作，又要承认差别、矛盾；容人不是容"过"，是容有过而改过或愿意改过之人。并且还要对"过"分清是非，这是容的前提。容是容忍，不是赞同，不是同流合污。这是做人应把握的准则。

"慎独"强调的是自律，是自我约束，古人理想的人生是道德人生，不断修养自己，以求高尚。所以，古代诸如"洁身"、"省身"、"正身"、"诚身"等修身的词始终贯穿自我约束的意义。不允许做任何违犯道德的事情，一旦做了，就要严于责己，积极纠正。严于律己一般有这样几种要求：慎独是其一，每日三省吾身，就是检讨一下自己每天的行为，另外还要闻过则喜。"过，则无惮改。"有了过错不怕改正；其二是要虚怀若谷。能做到听取别人的意见，自己就要有心胸，这就是虚。因为有如山谷般宽广胸怀的人才能在心里有足够的空间容纳别人的意见。虚则实，满则空。这些格言，无论何时何地，都有着它们独特的教育意义。请记住这些格言，并在实际中发挥它们的作用，使自己成为一个有原则的人，一个有诚信的人，一个成功的人。

第六章　遇事多动脑，盲目行动易吃亏

——改掉不喜欢动脑筋的习惯

所有的目标、计划和成就，都是思考的产物。人的思考能力，是一种自己能够控制的思维。如果没有正确的思考，盲目行动最终会吃亏上当。

1. 理性战胜感性，想清楚该做什么

　　三思而后行，想好了再做，事情做起来就会相对比较容易。不经过思考，就盲目行动，这样不仅容易吃亏，还浪费时间，做起事情来难度还会比较大。日常生活中我们不能一味地鲁莽行事，而应分析时局，把握好时机，在关键的时候适当作出让步，透析以退为进的大道理。三思而行，想清楚自己该干什么。

　　大难来临，往往容易打乱人们的正常思考方法，容易使人在慌乱中做出错误的决断，这样做的结果无疑是雪上加霜，使处境更加危险。

　　春秋末年，越国与吴国交战，越王兵败，成了夫差的俘虏。越王勾践在大难临头的时候做了一番思考，是自杀殉国还是向夫差臣服伪装自己以图东山再起？选择前者容易，一了百了；选择后者就要备受煎熬。经过再三权衡，勾践选择了后者，做了夫差的俘虏。

　　勾践与夫差达成了协议，夫差可以不杀勾践及其臣僚，也不灭亡越国，但是要勾践和妻子到吴国做奴仆，与之随行的还有大夫范蠡。

　　夫差为了替父报仇，对勾践百般羞辱，令他们在父亲的坟旁养马。主仆三人过着忍辱负重的日子，吃的是粗茶淡饭，穿的是粗布单衣，住的是一座冬天如冰窟、夏天似蒸笼的破烂石屋。并且夫差出去坐车时还令勾践在车前为他领马。每当从人群中走过，就会遭到旁人的讥笑："看，堂堂一个国王现在沦落成马夫，与其这样活着还不如死了！"勾践每每听到这样的讥笑，心里都特别难受，比万箭穿心还要痛苦。但是为了报耻血恨，无论什么样的羞辱他都可以忍受，任凭吴王一次又一次地羞辱。

　　一次夫差病了，病得很重，勾践前来探望，正赶上夫差出恭，为了表达自己的忠心，勾践亲自尝了夫差的大便。然后告诉夫差尽管放宽心，用不了几日夫差的病就会好的。不知是上天垂青勾践还是夫差的病该好了，总之，勾践探视过后没几天，夫差真的痊愈了。

　　尝粪便一事改变了勾践的命运，夫差觉得勾践对自己忠心耿耿，除了勾践外没有人能够做得到。同时，夫差还认为，经过三年的磨难，勾践放弃了复兴越国的想法，便决定将他放了。

回国后的勾践带领群臣励精图治，十年教训、十年生聚，他要等待时机灭吴兴越。机会终于来了，他趁夫差统兵出征争夺霸主之时，大举兴兵攻吴，最终包围了吴国的都城，夫差见此情形，便派手下人去向勾践求情，说自己愿意臣服，做勾践的奴仆。勾践经过认真思考，想到自己的复国之路，没有答应夫差。他很清楚，如果自己意气用事，放过夫差，很有可能还会自食其果，被吴灭了自己。

勾践是个聪明人，在大难来临的时候不慌乱，尤其是在两次关键时刻能够做出正确决断。

与勾践形成鲜明对比的、被人们称之为英雄的西楚霸王项羽，他就不懂得"思考"，没有长远眼光。乌江岸边，乌江亭长热情地招呼他说："江东虽小，足可够大王称王称霸，请大王速速过江。"项羽觉得自己被刘邦打败，没有颜面见江东父老，于是自刎乌江。项羽没有想清楚，自己与刘邦争夺天下，屡战屡胜，只有这一次打了败仗，而刘邦每次被打败都能重整旗鼓卷土重来。如果这一次项羽能够听乌江亭长的劝说，回到江东整顿兵马卷土重来，结果可能会是另一种景象。

俗话说得好："留得青山在，不怕没柴烧。"把一件事情彻底想清楚可以改变一个人的命运，男子汉大丈夫要提得起来放得下去。思考对一个人的影响很大，所以要养成善于思考的习惯，只有思考，才可能创造出奇迹。

2. 该舍弃就舍弃，不要犹豫

正确的思考往往蕴含于取舍之间，采取什么样的方式、什么样的手段去做事，是由一个人的思考力来决定的。没有正确的思考，就克服不了一些坏毛病，如果没有一个积极思考的习惯，那你很难在一件事情上做出对自己有利的取舍。

懒于动手脚或懒于动脑筋的人，往往很难成就一番大事业，相反，那些成大事业的人大多都养成了勤于思考的习惯。善于发现问题并及时解决问题，不会让问题累积成山，最后变成阻碍成大事的绊脚石。

佛里几亚国王葛第士曾经在古希腊的战车上打了一串结。他预言：谁要是能打开这个结，就可以征服亚洲。一直持续到公元前334年，都没有一个人能够成功地将绳结打开。这时，亚历山大率军入侵小亚细亚，他来到葛第士的绳结之前，思索了一下，便拿起刀砍断了绳结，他的举动和想法都是人们以前不曾想到的。最后亚历山大果然一举占领了比希腊大50倍的波斯帝国。一个善于思考、想象力丰富的人，其思考起来都是与众不同的。

可以这样说，亚历山大最后做出的决定是砍断绳结，这也是一个适当的取舍，也是来源于思考的。任何一个有意义的构想和一个宏伟的计划都是思考出来的，而且思考得越深刻，获得的收益也就会不同。一个不善于思考的人，在生活中会遇到许多取舍不定的问题，不知道该怎样去选择。相反，善于思考的那些人碰到问题就会积极地去思考，很快就能做出对自己有利的取舍。

在遇到问题时，要做出适当的取舍，就要经过大脑思考，如果思考的角度不一样，最后下的决定也有所不同，做任何事情都要从长远考虑，只要善于思考，无论你是成人还是孩子，你做出的取舍都是有利于自己的。

很久以前，有一个孩子在山里割草，被毒蛇咬伤了脚趾，孩子疼痛难忍，而医院在远处的小镇上。如果到医院就诊毒素就会扩散到全身甚至连命都保不了。于是孩子毫不犹豫地用镰刀割断受伤的脚趾，然后忍着剧痛艰难地走到医院。他虽然缺少了一个脚趾，但短暂的疼痛保全了自己的生命。

孩子的选择是一个很适当的取舍，无论在生活中还是在事业上，我们都要养成勤于思考的好习惯，任何事情都要从长远来考虑，并做出适当的取舍。

一位朋友到一家餐馆应征做钟点工。老板问：在人群密集的餐厅里，如果你发现手上的托盘不稳，即将跌落，该怎么办？许多应征者都答非所问。朋友答道：如果四周都是客人，我就尽全力把托盘倒向自己。最后，朋友顺利通过了面试。

亚历山大果断地砍断绳结，说明他舍弃了传统的思维方式；小孩果断地舍弃脚趾，以短痛保全了生命；服务员果断地把即将倾倒的托盘倒向自己，才保证了顾客的安全，这些都是正确思考给予的回报。

正确思考往往蕴含于取舍之间，因为不这样做，就那样做，这些都是由一个人的思考力决定的。不少所谓的聪明人，他们会因为难以舍弃眼前的蝇头小利，而忽视了更长远的利益。

成就一番大事业的人，往往就是抓住了被别人容易忽视的机遇而获得了成功，要做到这些，关键在于你是否能够在人生道路上进行果断地取舍。

少数正确思考者一直都被当作人类的希望，因为他们在事业上，都扮演着先锋者的角色，充分展示了他们的优势。他们不断使科学和教育进步，并鼓舞发明和创造。他们所创造出来的价值无不来源于思考。

爱默生说得好："当上帝释放一位思想家到这个星球上时，大家就得小心了，因为所有事物将濒临危险，就像在一座大城市里发生火灾一样，没有人知道哪里才是安全的地方，也没有人知道火什么时候才会熄灭。科学的神话将会使世界发生变化；所有的文学名声以及所有所谓永恒的声誉，都可能会被修改或指责；人类的希望、人类的思想、民族宗教以及人类的态度和道德，都将受下一代摆布。普遍化将成为神力注入思想的新汇流口，因此悸动也跟着而来。"这是爱默生经过思考总结出来的。他告诉了我们思考的力量是如此之大。

如果你想要做出一番大事业，就要养成善于思考的习惯，做对自己有利的取舍。该舍弃就要当机立断地舍弃。

3. 发挥想象力，把事业做大

正确的思考方法不是天生就有的，而是在后天的学习中慢慢总结和培养出来的。在任何时候你都要启动思考的引擎，充分发挥想象力做出正确的思考。

格林·克拉克曾经说过："人类所有天赋之中，最神圣的就是想象力。"想象力可以说是一种天赋，是人类创造活动的最大源泉，也是人类进步的主要动力。毁坏了这种天赋，人类将停滞在原始的状况中。因此，一个人一生的成就，很大程度上归功于能建设性地、积极性地利用想象力。

一个人要想成就大事，就要具备敢于突破陈规的思想，发挥想象力，时时保持正确的思考能力，脑子里存着"金点子"。一个不会思考的人谈不上成就一番大事业，因为成功的人都有一个爱思考的习惯。

松下电子公司的创始人松下幸之助先生被称为日本的"电子之父"。他是一位非常有智慧、善于思考的成功人物，每当人们问及他成功的秘诀时，他总是淡淡一笑说："比别人稍微走得快了一点，比别人多想了一点点。"其实，他也就是凭思考和行动来成就大事的。

有关电的行业在当时还比较少，可以说是很稀有。然而松下先生却深信电作为一种新兴能源，不仅能给人类带来方便，而且还会给人们带来更多的欲望。辉煌的电气时代如同电灯一样将会照亮人类生活的每个角落，他看好了这个电器化的时代并投身于电器制造。

在刚开始创业的阶段，他受到了很多挫折和打击。然而，就在这种打击和压力之下使他更具有了坚强信念和必胜的把握。正是因为他凭着"多想了一点点"这种意识才使得松下电器从无到有，从小到大，一步一步地发展。

第二次世界大战结束后，经济又逐渐复苏起来，世界又恢复了新的和平。经过战争洗礼后的日本农民仍然对生活和工作保持着高度的热情。战争后，人民的士气还是这么高涨，然而睿智的松下幸之助又"超前"地看到"新文明"将带来世界性的"家电热"。这对于"松下电器"，既是一次发展壮大难得的机会，也是一次艰巨而又严峻的挑战。他相信胜利的曙光是属于自己的。

松下幸之助大刀阔斧地进行机构调整和技术革新，从而使松下电器在新的挑战前景下得以长足发展。在20世纪50年代，松下幸之助第一次访问美国和西欧时发现：欧美强大的生产主要基于民主的体制和现代的科技，尽管日本在这方面还相当落后，然而这一趋势将是历史发展的必然。

松下幸之助因为有了深刻、正确和长远的思想意识。在日本产业界率先进行了民主体制改革。政治上给予产业充分的自主权，建立了合理的劳资体制和劳资关系。经济上他首先提高了员工的工资，使职工工资超过欧洲，接近美国水平，并建立了必要的职工退休金，使员工的物质利益得到满足。劳动制度上实行每周五天工作日，这在当时的日本还是第一家。

松下幸之助认为：这一改革并非单纯为了多休息一天，而是为了进一步提高产品的质量，员工有了足够的休息时间才会对工作更加卖力，从而对工作更加积极和热情。只有这样，生产才能突飞猛进，效益才能日新月异。

"时势造英雄"——环境的改变会给人类带来一种新的时势、新的发展机遇。无论是地理环境、交际环境，还是职业环境、人文环境，每一次改变都为我们提供了一个新的发展空间。有思想、有能力的人能够借用这个空间来发展自己，壮大自己。

事实证明，许多创造性的想法是在不经意时就如黎明前的曙光一样突然产生，使自己的思想焕然一新。不过，如果没有思考的意识，创造性的思维即使降临了你也发现不了。这足以说明会思考、会想象的人才能想得开、看得远。为了接受"灵感"或"预感"，一个人必须对这个特殊的问题加倍重视，思想成熟并付之行动。

遇到问题，就要想尽一切可能的办法去解决，不要让问题堆积如山而无动于衷。

达尔文在写《物种起源》的时候，遇到问题时努力地思考，有时，为一个问题甚至想上几个月。想得多了就会感觉到有一个直觉突然闪进脑际。他说："我还记得，当我坐马车在路上走时，突然有一个令人兴奋的答案自动跑来找我，这正是我想找寻的答案。"

罗素说："我发现，如果我要写比较深刻的题目，最好的方法是努力地加以构思，尽我所能地用几个小时或几天来构思，最后再命令自己不去想它，任它在暗地里自行滋长，几个月后，当我再想这个题目时，却发现文章的内容已经全部完成了。以前我没发现这个办法，老是因为没有进展而连续忧愁几个月。忧愁并不能解决问题，那几个月的忧愁只能白白浪费时间。现在我可以将这几个月的时间用在想其他的问题上了。"

从旧模式到新模式的转换，意味着用全新的视角、全然不同的新方式来思考原有的问题。要转换成为新的模式，就要改变以前对工作的看法。

生于春天的松鼠没有经历过严冬，但一入秋，便会匆匆忙忙地囤积果核，准备冬天时食用。小鸟不用教就能筑巢，不用教就能飞行。候鸟能飞行数千里，甚至飞过汪洋大海，它们没有报纸或电视的气象报告，也没有先驱者或探险者的经验指引，然而它们却知道寒冬何时来临，甚至也知道数千里外温暖气候的正确地点。经过分析后，科学家发现这类动物有"成功的本能"。

可是，我们却忽略了人类也有成功的本能。上帝并没有虐待人类，相反

第六章：遇事多动脑，盲目行动易吃亏——改掉不喜欢动脑筋的习惯

地，在很多方面特别赐福人类。

动物对于目标不能任意加以选择，它们的目标(自保与繁殖)可说是既定的，它们的成功机能也仅局限于这类既定的目标，也就是我们所说的"本能"。相反，人类拥有动物所没有的东西——创造性的想象力。因此在万物之中，人类不仅是物，而且是造物者。唯有人类才能利用想象力去导引成功机能。

我们经常认为，只有诗人、发明家等才具有"创造性的想象力"。其实，做每一件事时，我们的想象力都是具有创造性的。想象力能推动创造机能。

拿破仑说道："想象力可统治整个世界。"正确的思考方法不是天生就有的，而是在后天的学习中慢慢总结和培养出来的。在任何时候你都要启动思考的引擎，充分发挥想象力做出正确的思考。

一个人要想做出一番事业，首先必须养成善于思考的习惯。只有良好的思考习惯才能成就一番伟业。没有正确的思考，就克服不了困难。

4. 遇事脑子转个弯，免得上当吃亏

种瓜得瓜，种豆得豆。不要期盼天上真的掉下馅饼，如果哪一天，天上真的掉馅饼了，那绝对不是什么馅饼而是一个陷阱。一分耕耘一分收获，只有辛勤劳动的人才会获得成功，一心想着不劳而获的人，注定会失败，而且还会掉进贪婪的陷阱。

俗话说："一分耕耘，一分收获。"这是一个亘古不变的道理。多劳多得，不劳不得，没有付出就没有收获。天上不会掉馅饼，天下也没有免费的午餐。一味地抱着不劳而获的心态，那只会让你陷入好吃懒做的泥潭。有这种心理的人大多都是那些爱占小便宜的人。牛大爷就是这样一个爱占小便宜的人：

一天，牛大爷去城里看望儿子儿媳，走到半路上，突然见到一个精美的首饰盒滚到他的脚边。身旁的一个小伙眼尖手快急忙捡了起来，里面是一条项链，还有一张发票写着某某饰品店监制，售价3600元。牛大爷当场拽住了小伙要他在原地等失主，可是等了大半天也没有等到失主。

那小伙便小声提议把捡到的东西私分了，说："给我1000元，这项链就归你了。"边说边朝巷口走去。牛大爷平时就有贪小便宜的习惯，看见项链，就动心了。他心想："我可以把它送给我的儿媳妇，她嫁过来的时候，我们手头不宽裕也没怎么给她买过东西。这次去看他们，正好把这个项链送给她，她一定会很高兴的，这也是做公公的一番心意嘛。"

大爷的犹豫没有逃过小伙子的眼睛，小伙子更是一个劲地说这条项链多好，今天运气好才会遇到的。牛大爷禁不住小伙子的诱惑，便说："可是我没有这么多钱，我是来城里看我儿子的，就带800块钱。"小伙子故作大方地说："这样呀，没有关系，我就吃点亏，因为你的年纪比我大。"于是，牛大爷就把好不容易凑到的800块钱给了小伙子，拿着那条金项链美滋滋地向儿子家走去。

一到儿子家，他便把路上的事情跟儿子儿媳说了，还拿出那串金光闪闪的项链送给儿媳妇。小夫妻俩一看，那项链是假的。牛大爷这才恍然大悟，原来人家设了一个陷阱让他跳，这时他开始恨自己贪小便宜的老毛病，准备给还没出生的小孙子买东西的800块钱就这样打水漂了。牛大爷又急又后悔，下定决心改掉爱占小便宜的老毛病。

牛大爷因为贪小便宜而吃了大亏，天上没掉馅饼，反而掉下了个圈套。其实天下本来就没有免费的午餐，一个人要是养成了贪小便宜的习惯，早晚就得中计。所以，任何时候都不要幻想天上掉馅饼，不要养成占小便宜的习惯。在生活中要学会思考，想透彻再做出决定。不要为一时的贪念，赔了"夫人"又"折兵"，到最后一事无成，还得后悔。

有这样一个故事，从前一位无果禅师为了专心参禅，从中悟出道理，住在大山里，一住就是10年。但是在这10年里他并没有多大的成就，也没有悟出什么高深的道理，心里非常困惑，于是想出去寻师问道，解除心中的困惑。临行前，一个女人对无果禅师说："禅师，您再多留几日吧。路上要风餐露宿，容我为您做件衣服再上路也不迟呀！"无果禅师接受了女子的好意。女人回家后，马上着手剪裁衣服。衣服做好了，她又包了四锭马蹄银，送给无果禅师作为路费。禅师心中无比感激，他接受了女人的馈赠，收拾好行李准备第二天一大早就走。

到了晚上，无果禅师坐禅养息，半夜里突然出现了一个童子，后面还跟着许多人在吹拉弹奏。他们扛着一朵很大的莲花，来到无果禅师面前说："禅师，请上莲花台！这就是您要去的地方。"

无果禅师心里犯难，他心想："我的修行还没有达到这种程度，这种境况来得太早了，恐怕是一场劫难吧！"于是他没有理会，童子又说："禅师，请您坐上来吧！机会就只有这一次，错过了就再也不会有了。"在好奇心的驱使下，无果禅师就把拂尘插在莲花台上，童子与诸乐人便高兴地离去了。

第二天一大早，无果禅师正要动身时，女人又来到他家，手里拿了一把拂尘，问道："禅师，这可是您的物品？怎么会从我家母马的肚子里生了出来？"无果禅师听后十分吃惊，说道："如果不是我的定力深厚，今天已经成为你们家的马儿了。"于是将马蹄银还给了那个女子作别而去！

莲花台就是一个圈套，如果无果禅师爱占小便宜，想不劳而获，那他就要付出代价，变成人家的小马。

生活中，常常有爱占小便宜的人掉进了陷阱，生活中的陷阱实在太多了：金钱、地位、美女……钓"鱼"的人要下饵，骗子往往先诱人于小利。好贪小便宜的人在见"便宜"时，就忘了天下没有免费午餐的道理，以致受骗上当。请记住：无论骗子有多少诡计，只要你能克服贪小便宜的毛病，再狡猾的人也无隙可乘。

习惯贪小便宜的人往往目光短浅，他们只看得见眼前的利益，却看不见身边隐藏的危机。时常被自己的贪念打败，最终抗拒不了骗子的诱惑而自食恶果，可以肯定的是，如果他改不了这个贪小便宜的习惯的话，以后他还会不断地吃这种亏。

成大事的人是不会整天想着天上真的掉下馅饼，而是通过自己的勤奋去创造一个又一个的"馅饼"。成功是属于那些善于思考，努力奋斗的人。如果你想发财致富，成就大事，首先要养成一个勤于思考的习惯，通过自己勤劳的双手去创造财富。

5. 让自己的脑子"动"起来

雨果说过："一个专心致志思考的人并不是在虚度光阴。虽然有的劳动是有形的，但也有一种劳动是无形的，那就是思考。"

有许多成大事者只是稍微把自己的思维变换一下，于是就有一股新的力量产生，从而为自己的再次成功获得一次机会。黄仲涵成功的实例证明了思考的力量是无穷的，只要肯思考，就会有新的发现，为下一次的成功奠定基础。

黄仲涵是印尼建源股份有限公司的董事长，他是20世纪初最有影响力的华商。他继承父业后，不满足于"建源栈"的商贸业务。想成就更大的事业。黄仲涵是一个特别爱思考的人，特别是他在创造思维的深度上超越了其他人。在制糖业上如果想取得更大的成就必须依赖于甘蔗的种植，自己为什么不来一个"一条龙"式的生产呢？经过缜密的分析和思考，黄仲涵认为爪哇岛土地肥沃、风调雨顺，适合种植甘蔗，他决定投资种植甘蔗。黄仲涵还吸收了历代华侨的制糖经验，从两个方面来推进自己的计划：一方面是大量地种植甘蔗，另一方面就是兴办机械化和工业化的糖厂，形成一条蔗糖生产线。这样一来，从种植到加工再到销售都是自己来做，形成了"一体化发展"的经营模式，这就使得他从一开始就具备了强大的竞争力。后来，他的事业蒸蒸日上，九家糖厂最高年产量达10多万吨，占印尼国内消费市场的一半左右，在国际市场上也占一定的份额。其甘蔗种植、航运都相当有规模。

如果当初黄仲涵的创造思维仅停留在扩大制糖业上，那么他就不会取得这么惊人的成绩。正因为他善于思考，把思维扩展了一步，才造就了今天的成功。可见，"思考决定一切"。当思考与目标、毅力以及想成功的欲望结合在一起时，思考便会发挥强大的动力，让很难成功的事情变得轻而易举。思考的力量是决定人生胜负成败的关键，要想成大事，必须把思考的时间留出来，养成一个爱思考的习惯。良好的习惯是成大事者的必备条件。

放眼去看许许多多有重大成就的人，在成功的征途中，他们都有善于思考的习惯，甚至在他们的脑子里思考占据了大部分的时间。

爱因斯坦经过"十年的沉思"后狭义相对论终于问世。他说："学习知识要善于思考、思考、再思考，我就是靠这个学习方法成为科学家的。"伟大思想家黑格尔在著书立说之前，曾缄默六年，不露锋芒。在这六年中，他是以思为主，钻研哲学。哲学家认为，这平静的六年，其实是黑格尔一生中最重要的时刻。

德国数学家高斯，在许多方面都有杰出的贡献，有人称他为"数学的王子"，而他则谦虚地说："假如别人和我一样深刻和持续地思考数学真理，他们会做出同样的发现。天才不是固执者，而是懂得适机地去专心思考。我之所以能成为一个'数学王子'，还得感谢我有一个良好的思考习惯。就是我的习惯造就了我的成功。"

开普顿·布朗先生也是一个特别爱思考的人。当时要在他家附近的特威德河上建一座大桥，开普顿一直在构思如何设计一座造价低廉的大桥，想着怎么才能画出比较理想的图纸来。

在初夏的一个早上，晨露未干，他正在自家的花园里散步，看到一张蜘蛛网横在路上。突然他灵感大发，画出了理想的图纸。铁索和铁绳不正可以像蜘蛛网一样连成一座大桥吗？经过他的思考，加上一瞬间的灵感，举世闻名的悬索大桥终于在他家附近诞生了。这举世闻名的发明正是来源于善于思考的习惯。

马尔格兹·沃赛斯特也是一个特别爱思考的人。当他成为一个囚犯时还是没有停下思考的脚步。有一次，他发现水壶里的热气能把水壶盖子掀起来，从此他就注意观察，最终把思考的对象集中到茅动力这个课题上。他把观察的结果发表在《世纪发明》这本书上。相当一个时期，他的论文被当作探讨蒸汽动力的教材使用。直到后来，赛威热、纽卡门等人把蒸汽原理运用到实际生活中才造出了最初的蒸汽机。这一个一个的发明和创造都是源于思考的习惯。有了正确的思考，离成功就越来越近。

只要勤于动脑，成功就在身边。成大事业的人往往都把注意力专注于某一特定的方向，利用思考的力量，抓住成功的机遇，从而造就了成功。成功属于那些爱思考的人。爱思考的人想必都有一个勤于思考的习惯。勤于思考的习惯是成大事必备的习惯。

6. 谋局胜于谋事，以大局为重

善做事不如善谋局，只有善于思考、反应灵敏、精于谋略、善于策划，才能在错综复杂的道路上给自己制订一个清晰的做事计划，并能够顺着这个计划去思考，出谋划策，闯出一条属于自己的路，成就一番事业。

成功的人都有一个爱思考的习惯，大多数成功的人都能在思考中出谋划策。真正成功的人不单纯只会思考，还能把思考与实际结合起来，创造出一个又一个的奇迹。

凡事有思才有"谋"，谋是建立在思考的基础之上的。只有谋划正确了，才能成就不凡的伟业。成大事的人往往都是善于思考的人，都能把思考巧妙地用在谋略上。谋略和思考是分不开的，只有巧妙地结合起来才能创造出辉煌的业绩。

诸葛亮是一个家喻户晓的人物，他是一个善于思考，足智多谋的人。他的聪明似乎超出常人的想象，正是他的思考，思中有谋成就了他的英明。

司马懿夺走西蜀的街亭之后，又率50万大军来夺取诸葛亮驻守的西城。当时城中只有2500名老弱残兵，与50万大军比起来简直就等于一座空城。面对强大的敌人，战也不能战，守也守不住，又不能逃跑。在这千钧一发的困境中，诸葛亮想出了一个妙计，于是毫不犹豫地隐匿兵马，把城门打开，令少数几个老弱残兵扮成平民百姓打扫街道。他自己却登上城楼，面对城外而坐，弹琴、饮酒，怡然自得，一副若无其事、悠闲自得的样子。正是这场"空城计"，使司马懿仓皇逃走，诸葛亮扭转了局面，由败转胜。这一结果和诸葛亮决策果断，思考到位是分不开的。

成就思中有谋的因素有很多种：

首先，必须有广博的知识和丰富的经验。谋略与知识是密不可分的，只有知识广博，才可能足智多谋。诸葛亮在未出茅庐之时，就上知天文下晓地理，对天下大势了如指掌，并根据当时的形势制定了东联孙吴，北拒曹魏，三分天下有其一的作战战略。他把思考与当前的形式结合起来，果断地制定"空城计"的谋略也就不足为奇了。

其次，思考问题要熟悉客观情况、认真研究和掌握思考对象之间的关系。曹操率领百万大军进犯江东孙权疆界，东吴朝野上下，主战主降者各执一词，孙权也犹豫不决。出使东吴的诸葛亮，详细分析了曹操的各种情况。诸葛亮认为，曹操号称百万之师，其实不过四五十万，而且不少是荆州降兵，军心不稳，没有战斗力。曹兵皆北方人，不服南方的气候、水土，不习水战，难以致胜。这样的分析，使孙权点头折服，接受了诸葛亮的孙刘联手抗曹的谋略。这从降到战的转变，正是通过全面分析和充分掌握作战方的情况而制定的。

诸葛亮设计"空城计"，也正是他经过深思熟虑后对司马懿心理状态的正确判断。正如诸葛亮后来所说："此人料吾生平谨慎，必不弄险，见如此模样，疑有伏兵，所以退去，非吾行险，概因不得已而用之。"

再次，为了实现谋略要充分发挥自己的脑力思考，往往需要留几手准备，以便于能选择最有利的思考方案。

最后，把聪明才智用在适当的场合。就是要把握时机，果断地做决定。俗语说："机不可失，时不再来。"谋略要配合一定的机会，一定的谋略需要在特定时间和地点，在特定条件下才能成功，此外，谋略也是随着时间、地点、条件的变化而变化的。这个时候全方位的思考就很重要了。

做事果断不同于冒失或轻率之处，就在于它是经过了深思熟虑、充分估计客观情况之后迅速做出有效的决定；在条件不足，需要时间等待时，积极准备；在情况发生变化时，又善于根据新情况及时制定新的应对策略。种种的足智多谋也是经过思考，深思熟虑后得出来的，不经过思考也不会有战无不胜的谋略，也不可能成就一番大事。

在现实生活中，许多想成大事者苦于无计可施，其实往往是忽视了思考的力量，不善于去思考。任何的妙计都是思考出来的，没有人不用思考就可以得出办法。所以，思中有谋是成大事的根本。要想成就一番伟业先养成善于思考的习惯，因为一个好的习惯能助你成就一番大事业。

7. 认真思索，有时真理也不完全正确

遇事别忙于下结论，经过思考后再下结论，才不至于出差错。

如果做一件事情不经过思考就盲目地去做，这是一种不明智的举动，这样做不但容易吃亏还会碰壁。

遇到问题要想办法解决，而不是怨天尤人。怨天尤人不仅不利于解决问题，反而会打击自己的自信心。遇到问题要积极思考，以积极心态解决问题。

成功的人做事之所以容易成功，是因为他们有爱思考的习惯，而且他们能把好的习惯发挥到极致。所以，做什么事情就容易成功。

一天，大科学家牛顿在一棵苹果树下思考问题，这时，一只苹果落到了地上。"苹果为什么会落地呢？"他不断地问自己。"地球会吸引苹果？还是苹果会吸引地球呢？这里面到底包含着什么道理呢？"

牛顿带着疑问反复思索、实验，最终获得了一项极其重要的发现——万有引力定律。正因为牛顿对看似很小的事情也用心去思考，才会有这么伟大的发现。

思考是一个人能够控制的东西。因为思想会受到周围人的影响，所以人必须借着有利的心理习惯，来控制这些影响因素，这种过程叫"习惯控制"。养成爱思考的习惯，就会对自己身边的小问题进行思考，日积月累就能掌握很多的知识。科学家不是天生就是科学家，也是经过知识的积累，对不确定的问题进行研究和思考才成就伟业的。

1921年的时候，印度科学家拉曼在英国皇家学会上做了声学与光学的研究报告后，取道地中海乘船回国。当他在甲板上漫步的时候，一对母子的对话引起了拉曼的注意。

"妈妈，这是什么海呀？"

"地中海。"

"那它为什么叫地中海呢？"

"因为它处于欧亚大陆和非洲大陆之间，所以才这样叫它。"

"那么大海为什么是蓝色的，而不是其他的颜色呢？"

听了孩子的这一问，母亲一时语塞。这时，母亲将求助的目光转向了人群，正好遇上了在一旁饶有兴味倾听他们谈话的拉曼。拉曼告诉男孩："海水之所以是蓝色的，是因为它反射了天空的颜色。"

在此之前的科学界，几乎所有的人都认可这一解释。它是由英国物理学家瑞利勋爵得出的结论，他因为发现惰性气体而闻名于世。他曾用太阳光被大气分子散射的理论解释过天空的颜色。并由此做出了相应地推断，海水的蓝色是由于反射了天空的颜色。从此，一直流传了下来。

但不知为什么，在离开了那一对母子之后，拉曼总对自己的解释有些疑惑，好像还缺点什么似的。害怕对不住那个小男孩，为此，拉曼深感愧疚。他想，作为一名训练有素的科学家，应该具有男孩那种到所有的"已知"中去追求"未知"的好奇心。

于是，拉曼回到加尔各答后，立即着手研究海水为什么是蓝的。结果证实了瑞利的解释证据不足，于是，拉曼决心重新进行研究。

在已有的科学基础上，他从光线散射与水分子相互作用入手，运用爱因斯坦等科学家的涨落理论，获得了光线穿过净水、冰块及其他材料时散射现象的充分数据，从而证明了水分子对光线的散射使海水显出蓝色的机理，而这与大气分子散射太阳光而使天空呈现蓝色的机理完全相同。接着他又在固体、液体和气体中，分别发现了一种普遍存在的光散射效应，这就是后来被人们统称的"拉曼效应"。

地中海轮船上一个男孩的问话，使拉曼走上了诺贝尔物理学奖的奖台，使他成为印度也是亚洲历史上第一个获得此项殊荣的科学家。

生活中，机会处处都有，如果你能够认真倾听别人提出的问题，同时进行深入地思考和研究，直到得到满意答案再罢休，你就可能取得骄人的成就，走在他人的前列。

控制习惯的过程也是一个思考的过程，它会将你的思考转化为行动，如果你没有思考的习惯，或者是你的习惯不好，那么它就有可能给你带来悲惨和失败。

你必须学会控制思想习惯。把自己的思想当成一张底片，底片会记录任何反映在它上面的东西。底片是不会挑选不同对象的，也无法控制焦距和曝光时间，而你是摄影师，有机会挑选记录的对象，决定影像焦距、光圈和快门。最后，照片的质量取决于控制这些因素的技巧。

总之，一个人想要做出一番事业，必须善于思考，只有养成了不断思考的习惯，才能使自己的事业不断发展壮大。

8. 想好再做，免得事后后悔

行动比思维快，往往会导致一团混乱，而愚蠢的行为大多都是没有经过思考就做出决断。应该明白，一旦做出实际行动，那么事情就很难挽回，所以行动之前要三思，免得让自己后悔。

每个人都面临无数次的选择，很大一部分人都是想了就做，结果出错。因此，在行动之前给自己一点时间做最后的考虑。也许你会发现新的盲点，阻止自己少犯一点错误，同时也减少一些不必要的后悔。

有一位老父亲过世之后，留了一幅画给儿子，儿子看了十分失望，正想把画投炉烧毁，突然觉得画的卷轴似乎异常的重！他撕开一角，惊奇地发现里面有不少金条，于是急忙把画撕破，取出了金条。然后他又看到卷轴中藏有一张字条，条上标注了此画是古代名家所画的无价之宝。可惜画已经在他的急忙行动中撕得破碎不堪了。

很多人都把"做了再说"当作行动的座右铭，这个做法在行动上倒是显得很潇洒！行动之后往往都会后悔苦恼。比如故事中这个儿子，因为没有给自己留思考时间，急于行动而失去了大利。

还有这样一个因想到就做的故事：很久以前，有一个男人独自带着一个很小的孩子生活。陪伴父子俩的还有一条大狗，这条狗勇敢倔强，很听话还会照看孩子。

一天，男人上山打猎，突然下起了好大的雪，把回家的山路给堵死了。第二天男人拖着疲惫的身子回到家。看到家里有一大片血迹，狗奔拉着脑袋跑去迎接主人，狗摇着尾巴要舔男人的手，可男人闻到了狗满嘴的血腥味，看到的是血迹斑斑的狗腿和尽是血迹的地板，男人看到孩子不见了。"畜生！"男人一边高喊着，一边举起枪。他愤怒得几乎要发狂了，以为这狗吃了他的孩子。他不能自持，一枪打穿了狗的身子，狗倒地死了。狗刚刚断气，男人突然听见床底下传出一孩子的哭声。他急忙奔过去，把孩子从床底下抱了出来，他的孩子平平安安地躺在里面，吸吮着自己的大拇指呢。

就在男人把孩子往怀里抱的时候，他发现在远处的屋角躺着一只死狼。这只狼两腮被撕裂了，血肉模糊，男人一下子明白了，原来狗为了救孩子才受伤的，地板上的血污是狗与狼搏斗时留下的。然而他却一时心急把忠心的狗给杀了，他心如刀割，捶胸顿足、懊悔万分。可是狗已经死了，再也不能帮他看孩子了。悔恨不已的男人，选了一块很好的墓地，像埋葬英雄那样埋葬了他的狗。

这个男人看到了血却不去辨别一下是谁的血，就错杀了一条忠诚的猎狗，等到后悔时已经太晚了。在现实生活中，很多人也像这个男人一样想到就做，结果常常因行事太鲁莽而犯了大错误。如果这些人在行动之前给自己一分钟的时间来思考，来辨别是非，事情的结果可能就完全相反了。

人生有很多选择，做出任何行动之前都要想好再做，三思而后行。如果想到就做，会酿成很多大错，也会让你后悔终生，甚至付出惨重的代价。思考对一个人来说至关重要，所以在生活中我们要养成爱思考的习惯，要成就一番大事业就必须有一个积极思考的习惯。

9. 确定目标，盲目行动难出成绩

一个习惯于盲目行动的人，不会有好的未来可言，因为他无法把握自己的方向。我们必须要学会在行动之前明确目标，这样我们才能在目标的指引下大步前进，到达理想的彼岸。

一个人如果有了奋斗的目标，那么也就有了努力的方向，即使前面布满了荆棘，也能够为了达到目标跨过重重的困难。试着为自己树立一个目标吧！朝着这个方向努力，成功也就指日可待。盲目行动，没有明确目标，就会一事无成。

在长安城西的一家磨坊里，有一匹马和一头驴子是对好朋友，马儿每天都在外面奔波运送，驴子则在屋里推磨。

贞观四年，这匹马被玄奘大师选为坐骑，要与大师一起前往印度取经。过了十几年，这匹马驮着佛经，回到了长安。

它重回磨坊里会见驴子朋友，并谈起这次旅途的经历："你知道吗？我经历了浩瀚无边的沙漠、高入云霄的峻岭、凌山的冰雪、热海的波澜，那些像神话般的世界……"

驴子听了大为惊奇，赞叹地说："你的经历多么丰富呀！那些遥远的道路，我连想都不敢想啊！"

这时，老马笑了笑说："其实，我们走过的路程是相等的。当我向西域前进的时候，你同样一步也没有停止过。我们不同的地方是，我与玄奘大师都有一个遥远却明确的目标，也始终按照一定的方向前进，最终我们打开了广阔的世界。而你因为被蒙住了眼睛，一生只能绕着磨盘盲目地打转，最终都无法走出狭隘的天地。"

当我们付出无尽的辛苦之后，若是一无所得，探究其中原因，多半都是因为没有朝着自己的目标前进，甚至是在"骑驴找马"的状态中，不断地重新开始，无法累积成果。

威廉·皮特是目标专一、意志坚定的杰出典范。当他还是一个孩子时，就被教导只有成就一番伟业，才不会辜负他父亲的期望。这是他所受一切教导的主旨。无论他身在何处，无论他做些什么，不管是在上学、工作还是娱乐，他从未忘记过父母赋予他的这一神圣职责——他应该出人头地，应该成为一个公正、睿智、有影响力的政治家。这个观念在他身体的每一个细胞中生根发芽，并鼓励着他锲而不舍、坚忍不拔地朝着这个明确的目标前进。22岁那年，他就进入了国会。在23岁时，他就当上了财政大臣。到25岁时，他已经成了英国首相。

皮特在早期就朝着一个确定的方向接受专门训练，谁能估计这样做的巨大价值？在大学毕业以后，他没有像别人那样浪费时间，没有为了确定自己的职业而瞻前顾后，他毫不犹豫地朝着自己的目标勇往直前。

皮特的一个对手曾经这样评价他："这个人既不会冒进也不会退缩，他一直都在飞翔。"

开始，没有谁能真正看清远方的目标。成功的人不是靠高挂在天空的星星引路，而是靠手上的火炬照亮脚下的路，这样可以使他信心百倍，毫不畏惧，一直跑下去。尽管远方的路笼罩在雾霭之中，但永不熄灭的火炬会让他看清眼前的路。

如果说梦想是我们人生的动力，目标明确则是打开梦想之门的重要钥匙。明确的目标就像方向盘，人生失去了方向盘，我们便无法掌握前进的方向。我们一旦有了方向，生活态度与实际行动便会开始改变，潜能也会跟着激发出来，一切正是为了完成最终目标。

10. 想问题要透彻，避免管中窥豹

无论做任何事情都要想好再做，不要不经过思考就做出决断，不要见风就是雨。这样做不仅会害了自己，还会造成误会。任何事情都要考虑成熟再做出决定，千万不要被表面现象所迷惑。

一个人想问题，看事物要透彻，不要被表面现象所迷惑。对待问题要深入思考，不要以偏概全，草率下决定，否则会带来很多的隐患。

从前，一个人养了一只猫和一只狗。狗非常的勤快，每天当主人外出不在家时，狗便精神抖擞，竖起两只耳朵在主人家的周围巡视，无论哪里发生了一点动静，狗也要狂吠着疾奔过去，从来不敢懈怠自己的工作，兢兢业业地为主人家做着看家护院的工作。

当主人在家的时候，它的精神便稍稍放松了，有时还会睡一会觉。因此，在主人的眼里狗是非常懒惰的，所以有什么好吃的自然不会先想到它。而是给了主人觉得勤快的猫。

猫其实是懒惰的，每当主人外出时，它就伏地大睡，而且睡得非常香，还时不时发出"呼呼"的鼾声。即便是有老鼠在它身边打转，它也懒得去搭理它。睡好了，就到处散散步，活动活动身子骨，这儿瞅瞅那儿望望，有时不免叫几声，做做样子。

当主人在时，它时不时还对主人舔舔脚、逗逗趣。这样的小猫在主人的眼中，无疑是一只勤快、可爱的宠物，好吃的自然都会给它吃，所有的赞赏似乎都是为它而准备的。

由于猫一直在做面子工程，所以主人家的耗子越来越多。终于有一天值钱的家当被咬坏了，主人非常生气。为了找出真正的原因，他召集家人说："你们看看，家里的耗子都猖狂到了这种地步，我们必须采取措施了。首先，我认为一个重要的原因就是那只狗不帮猫捉几只耗子，才造成今天的恶果。所以，现在我郑重宣布，将狗赶走，再养一只猫来消灭家里的老鼠。"由于狗平时也不讨主人欢心，自然家里人也赞成这个意见，所以纷纷附和说："这只狗是够懒的，每天除了睡觉，什么也不做，而猫的勤快是有目共睹的，应该将狗赶走，留着它也没有用，再养一只猫。"

于是，在众人的一致同意下，狗被赶走了。狗是可怜的，也是无辜的，而且自始至终，它都不明白主人怎么会这样对待它。

后来，主人果然又养了一只猫，两只猫越来越肥，耗子也越来越多。而且，主人家中被盗了多次，到了这个时候主人才开始怀念被赶走的狗，但为时已晚。

这个故事告诉了人们，不要被表面的现象所迷惑，凡事不能草率要三思而后行。草率行事不仅会后悔还会给自己带来损失。

还有这样一个故事，很久以前，有一个聪明的人，他以卖忠告为职业。有一天，一个小有成就的商人专程到他那里去买忠告。那个人问商人，你想要什么价格的忠告呢？商人想了一下递给聪明人一元钱说："我买一个一元钱的忠告吧。"

聪明人说："朋友，如果有人请你吃饭，而你又不知道要上几道菜，那么，第一道菜上来以后，你就吃个饱。"

商人觉得这个忠告没有什么大的意义，于是又付了两元钱，说要再买一个忠告。

聪明人说："当你生气的时候，在事情还没有考虑成熟的时候，就不要蛮干；如果还不了解事实的真相，那么你就不要动怒。"

商人感到，这样下去会弄得身无分文，还是就此收手为好。于是决定不买任何忠告了。虽然他觉得刚才买来的忠告没有什么大意义，但他还是把这些忠告一一铭刻在心。

为了出外谋生，商人把怀孕的妻子留在家中，自己到外地去经商。这一去就是20年。妻子一直没有得到丈夫的消息，以为他永远也不回来了，感到万分悲痛。她把自己所有的爱都倾注在了儿子身上。

经过多年的拼搏，商人已经取得了相当的成就，拍卖完了他的全部商品后，准备衣锦还乡。他没有对任何人说，就直接来到自己的家，当时已经是黄昏。

这时候，儿子回来了，妈妈亲切地问道："亲爱的，告诉我，你去哪里啦？"

商人听到自己的妻子这么亲昵地对那个年轻人说话，不由心里产生了一种恶念，以为妻子背叛了自己，恨不得马上杀了他俩。但就在这个时候，他突然想起用两元钱买的那个忠告，于是，他强压住了怒火，想把事情弄清楚。

天黑了，屋里两人在桌旁坐下用餐。母亲哭泣着对儿子说："唉！儿呀。听说有一条船刚刚从你爸爸去的那个地方来。明天早上，你就去打听一下，或许能知道你爸爸的消息。"

商人听到，为自己刚才没有一时冲动，错杀亲人暗暗庆幸。

生活中有很多不如意，本以为美满幸福，结果却令自己痛苦不堪，但在此时千万不要做出匆忙草率的决定，要做到凡事三思而后行。如此，才会减少错误的出现，做出正确的判断和抉择。

11. 有远虑才不会有近忧

做事要有"防患于未然"的意识，因为事物的发展并非一条路，往往有多种可能，既可向好的方向发展，也可能向坏的方向发展。正因为这样，在办事情、想问题的时候，应该立足于事情的复杂性，从最坏处着眼、向最好处努力，千万不可掉以轻心、麻痹大意。

俗话说："人无远虑必有近忧。"平时多考虑些将来的事情，真正出现问题了也不必太慌张。

明朝洪武年间，郭德成担任骁骑指挥，有一次明太祖召见他，并支退左右，拿出两锭黄金放在他的袖子里，说："只管回去，不要对任何人说。"郭德成深受感动，恭敬地答应了。但当他走出宫门的时候，就立即把金子装在靴筒里，装出喝醉的样子，故意脱下靴子，露出了金子。这时候被守门的人看见了，立刻将这事报告给太祖，太祖笑着说："是我赏给他的，没什么问题。"朋友们知道这事后，都责备郭德成。郭德成摆了摆手，说道："九重宫门防守的这样严密，如果暗藏金子一旦被发觉，别人岂不要说是我偷的？更何况我的妹妹在宫中侍候皇上，我进出皇宫比较自由，你们怎么知道皇上不是以这个办法试探我呢？还是防备点好！"朋友们听了，都被郭德成的见识所折服。

还有一件事情，宋仁宗由于无子，听韩琦等大臣的建议，就立了宗室之子为太子。不久，仁宗驾崩，太子即位，历史上称之为宋英宗。宋英宗身体不好，于是下诏请皇太后一同处理军国大事，因为小人的挑拨离间，英宗和太后的关系渐渐地疏远了。

一天，太后给韩琦送来一封密信，信中历数了皇帝对她不孝顺，并请韩琦"为媚妇做主"，还派了一名心腹之臣专门等候他的回话。韩琦读完信后，认真做了斟酌，说："我一定办。"就送走了太后的使者。

几天后，韩琦找了个机会，把这件事告诉了英宗，并嘱咐说："这事千万不要外泄。您有今日，全是太后的支持，恩不能忘，虽然你们不是亲母子，但是如果您能尽力孝敬她，她就不会说什么了，而且双方的关系也会融洽，一切麻烦都会消失，这样对国对家都是有利的。"英宗思考了片刻，说道："好，我按你的意思办。"韩琦说："这件事是极为要紧的，事情一旦泄露出去，恐怕那些别有用心的人就要借机生事、编造谗言了，到时候，形势恐怕就难以控制了。因此，我不敢留下那封信，已经把它烧掉了。"英宗称赞韩琦做得非常好。

从此以后，宋英宗和太后的关系开始慢慢地融洽了，其他人却不知其中的缘由。

通过这两个例子可以看出，郭德成和韩琦都是很有远见的。为防止意外事件的发生预先采取防范措施，稳扎稳打，步步为营，从而把事情做得非常圆满。

人总是不一样的，历史上也有那么一些人，防范心理较弱，也没有防范的措施和方法，为此失去了许多，甚至是生命。孙策就是一个典型的例子。

孙策是东汉末年政坛上的风云人物，占有江东全部领土。当曹操和袁绍在官渡交战的时候，他看到了机会，与人谋划，准备袭击许昌。许昌是曹操的根据地，一旦失守，后果不堪设想。曹操部下听到这个信息后，都很恐慌。但谋士郭嘉却说："孙策虽然吞并了江东的土地，诛杀了当地的许多英雄豪杰，这是他能得到部下拼死效力的结果。但是，孙策也有致命的弱点，他遇事粗心大意，而且不善防备。尽管他声称有百万之众，但与孤身一人没有什么两样，如果派一个刺客去杀他，他就对付不了。"确实，孙策的一位谋士也因为孙策好骑马游猎，劝谏道："您指挥零散归附的将士，他们就能为你拼死效力，这是您的福气啊！但您轻易暗地里出行，所有的将士们都很忧虑，为您的安全担心啊。那白龙化作大鱼在海里游玩，就会被渔夫捉住；白蛇爬出山洞，就被汉高祖斩杀了。这都是教训，希望您能谨慎些为好。"孙策说："先生的话很有道理，我会小心行事的。"孙策虽然嘴上答应了，但始终改不了老毛病。当他出兵袭击许昌时，到了长江后，还没过江，就像郭嘉预料的那样，灾难发生了，孙策被许贡的门客所杀。

郭嘉的远见卓识和孙策的粗心大意，在此得到了体现。孙策诛杀了很多英雄豪杰，无数人对他切齿痛恨，想寻找机会报仇的人不计其数，但他却全然没有防范的意识，单枪匹马，独自外出，其英雄胆气固然令人钦佩，但其处事的方式却不值得称赞。

聪明的人有许多种，但懂得"防患于未然"道理的人不多。做事情不要寄希望于亡羊补牢，等到出现严重后果的时候，才知道自己做错了，如此为时已晚。

第七章　在创新上做文章，拓展成功的空间
——改掉墨守成规的习惯

从古至今，创新都是成大事业者亘古不变的话题，甚至成为成功人士的口头禅或者座右铭。"与时俱进，开拓创新"，便成了新时代最具有影响力的口号。大凡成功者都有创新的意识，因为他们知道一个企业只有创新才能有发展，才会立于不败之地。这就是创新无穷的魅力激励着人们不断地去创新，从而在旧的观念上有所突破。

1. 另辟蹊径，干别人没想到的事

奥修说："如果你想要创造，你必须抛弃所有的束缚，否则你的创造力将只不过是抄袭，它只是一个副本。"

一个人如果想要做成一件大事，就必须养成不断创新进取的习惯。成功最重要的秘诀之一就是开拓创新，创新就是不和别人往同一条路上挤，而是另谋蹊径而行之，这样会让人更快一点到达成功的彼岸。

在竞争激烈的商场上，"走冷门、烧冷灶"这种反其道而行之的"蹊径"也能成就一番大事业。

泰国有个养鳄大王叫杨海泉，他出生于一个贫苦的华侨家庭。由于家境贫寒，他只上过一年小学，从10岁开始就做童工。15岁那年，杨海泉在别人的帮助下，开了家小小的杂货铺，但是好景不长，杂货店就倒闭了，这是他第一次做生意，也是第一次在生意场上失利。有志想成大业的他总结出一条经营之道，即：在激烈的竞争中如果人云我云不会有什么大的收获，要想赚取丰厚的利润就必须走别人没有走过的路；独辟蹊径，大胆开创冷门生意，这样才能独占鳌头，立于不败之地；别人嫌弃的、不愿意干的，才有可能取得成功；别人没有走过的路，走起来才会更加具有挑战性。

一天，杨海泉遇到了一个以猎杀鳄鱼为生的旧相识，两人在一起谈起鳄鱼，谈出了兴趣。那人介绍道：鳄鱼的全身都是宝，捕杀鳄鱼的人发了大财，但是现在鳄鱼已越来越难捕了，就连小鳄鱼也在捕杀之列。

杨海泉灵机一动，立即想到：如果这样滥猎滥捕，即使是一座金山也会被挖空的，何况是动物呢？如果把鳄鱼的幼仔饲养起来，就像养羊养猪那样，长大了再杀，不就可以"无穷无尽"了吗？然而畜养鳄鱼自古未闻，家人和亲友对此都不屑一顾，对他冷嘲热讽。

可是杨海泉毫不动摇，说干就干。他一面扮作猎鳄者，到鳄鱼产区去廉价收购幼鳄，一面很快就在自家的地里修筑了一个养鳄鱼的池子。由于小鳄鱼不值钱，杨海泉又是一个十分勤劳的人，所以得到了那些猎鳄人的好感，很多人就白白地把小鳄鱼送给了他。

小鳄鱼不断多起来，但是杨海泉很穷，连很少的鳄鱼饲养费都拿不出来，亲戚朋友看到杨海泉的这种"反常"举动，都纷纷前来劝阻。

他的母亲更是反对，以"养虎伤人，养鳄积恶"责怪他，说他是异想天开，想钱想疯了……这也不足为奇，古今中外，哪个听说过饲养鳄鱼的事情。

但是，杨海泉就是有一股"九头牛拉不回"的倔劲儿，一点儿也没有动摇。他认为，别人嫌弃的，不愿意干的，才有可能取得成功；别人没有走过的路，走起来才会更加宽广……

人工饲养鳄鱼是一件前无古人的事情，没有规律可循，没有老师可拜。事实证明，敢为人先的人就必须有胆量接受各种磨炼。

喂养鳄鱼比喂养一个初生婴儿还要困难。刚刚开始的时候，由于缺乏饲养经验，有些小鳄鱼因此丧命。成年鳄鱼给人的感觉是十分凶悍的，但是小鳄鱼的生命却很脆弱，对气候反应很敏感，对小小的惊恐也会发生痉挛而生病，严重的还会残废或丧命。可是这一切并没有吓住杨海泉，他经过日夜认真观察后想办法，这个问题终于得以解决，成功地闯过第一关。

一波未平，一波又起，更大的问题在等着杨海泉。主要有以下两个方面：一是小鳄鱼喜欢吃鱼类或水中的小动物，有时还要吃肉，杨海泉很难拿出这么多钱去买饲料；二是随着鳄鱼地不断长大，原来的鳄鱼池已经不能容纳了，杨海泉缺乏必要的资金扩建。

沉重的经济负担使杨海泉喘不过气来。

眼看就要坚持不下去了，杨海泉只好含泪操刀宰杀部分基本达到出售规格的鳄鱼卖掉去换取资金。就这样一面饲养一面宰杀，经过3年的时间才基本解决了经济危机问题，慢慢地，经济上有了一定盈余。

为了提高鳄鱼的价值，杨海泉购买了自己的屠宰设备，钻研独有的宰杀技术。当时，泰国的鳄鱼产品都是由捕杀鳄鱼的人在捕捉的时候宰杀的，设备很简单，加工很粗糙，鳄鱼皮的质量不高。杨海泉之所以这样做，就是希望生产出世界一流的鳄鱼皮产品。

杨海泉的这种举动是属于十拿九稳的，很快他就生产出了高质量的鳄鱼皮产品。"海泉鳄鱼皮"很快就得到了消费者的青睐，售价比一般的鳄鱼皮产品高出了许多。

凭借着"海泉鳄鱼皮"的名牌优势，杨海泉很快就占领了先机，他接着就成立了一家"友商贸易行"，包揽了鳄鱼皮的生产出口业务，生意做到国外。杨海泉善于经营，讲求信用，名声越来越大，越来越好，生意当然就更加红火了，实力也更加雄厚了。

在成功者的字典中是找不到"满足"这两个字的，杨海泉也不例外。他认为，养鳄鱼这件事是没有尽头的，他完全可以把这项事业继续下去。

他想，如果只是为了改善自己的经济条件，这样已经完全足够了，但是如果真只是这样，那就太可悲了……

他下了决心，不仅要用这种动物来赚钱，还要挽救这种野生动物，不要使之灭绝。思索再三，只有进行人工繁殖，才能达到自己的目的。

他确定的方针是"采取留种、保种，进行人工繁殖"。

方针一经确定，杨海泉就马上付诸实施。对这个决定，他是极为得意的，很多年之后，他接受记者采访时还说："那个决定是我养鳄事业的真正开始，是我事业的重要组成部分，到现在我还感到很兴奋！"

杨海泉在他的出生地泰国曼谷南郊的渔港北榄开始了他新的创业。这个地方位于湄南河的下游近海处，海水和河水在这里交汇，环境美丽，气候宜人，是饲养鳄鱼的最佳地点。

他非常高兴地说："我生在这里，创业在这里，真是天时、地利、人和三样占全了！"

他先买下一块地皮来修建养殖场，利用饲养鳄鱼进行资本积累。经过10年的努力，他又购买了多达近百公顷的土地，开始了他更大的创业。此地有天然的水源，天然的沼泽，所以他给这个地方取了一个叫"北榄鳄湖"的名字。在很短的时间内，这个湖内就饲养了1000多条特选的优良种鳄鱼，收集了不同的鳄鱼品种，多达10余类。

到了20世纪70年代初，杨海泉的"北榄鳄湖"已经是世界上最大规模的人工养鳄湖了，并率先进入了专业化养鳄鱼的行业。

1971年3月，在美国纽约召开的世界保护鳄鱼大会，有10个国家和地区的专家参加会议，杨海泉作为泰国的唯一代表出席了这次大会。他就像一个技术权威一样，在大会上慷慨陈词，向世界顶尖级专家讲授他的养鳄经验，还讲述了泰国近50年来养鳄的情况，引起了大家的浓厚兴趣。

他很自豪地宣布："在我的养鳄池里饲养着1.5万头大大小小的鳄鱼！"

在那个年代，世界各地都有不少称得上猎鳄家的人，但是称得上养鳄专家的人，除了杨海泉，恐怕没有第二人了。他的成功经验引起了世界各地的注意，参观学习的人络绎不绝，有很多人千里迢迢而来，高高兴兴而去，杨海泉更是名声大振。

1973年，国际保护鳄鱼大会在泰国曼谷举行，会场就是杨海泉的"北榄鳄湖"。这是对杨海泉的事业的高度评价，是宣传杨海泉先进经验的绝好机会。

就是他这样一个穷人的孩子，几乎没有上过什么正规的学堂，居然走进了世界最权威的鳄鱼专家的行列，并创造了一个神奇的"鳄鱼王国"，成了泰国的巨富。

"创新者生，墨守者死"，社会是发展变化的，只有变化才能生存，也只有跟上时代的变化才能求得发展。

养成创新的工作习惯吧！那些诗人、作家、发明家之所以比普通人优秀，不外乎他们具有创造性的工作习惯。创新，才能创造你的财富；创新，才能谋得你的发展；创新，才能成就你的未来。

2. 大胆创新，走别人没走过的路

创新是生存的血液，一个企业不创新就会贫血。一个不断创新的企业是打不败的，一个懂得创新的人，永远是一个胜利者。

懂得创新的人不会跟在别人后面走路，那些勇于探索、大胆创新、另辟蹊径而走出属于自己路的人，他们的成功往往叫人惊叹。因此，那些懂得大胆创新的人往往会从穷人堆里脱颖而出。

独特的思考是成功人士必备的习惯之一。独特的思考更具有神奇的魅力，可以把不可能变为可能，霍英东的故事就证实了这一点。

自古以来都是遵循先建后出售，对这所谓的规律，霍英东反复地思考："先出售，后建筑"不行吗？正是由于霍英东思考了这一问题，让他摆脱了贫穷，迈上了由一介平民变为亿万富豪的传奇般的创业之路。

中国香港立信建筑置业公司的创办人——霍英东，在香港居民的眼中，他是个"奇特的发迹者"，一些议论将霍英东的发迹蒙上了一层神秘的面纱。霍英东的发迹真的神秘吗？其实不是，他主要就是懂得创新，善于走别人没有走过的路。朝鲜停战以后，霍英东慧眼独具，他看出了香港人多地少的特点，认准了房地产业大有可为，于是拿出多年的积蓄，投资房地产市场。1954年，他着手成立了立信建筑置业公司。他每日忙于拆旧楼、建新楼，又买又卖忙得不亦乐乎，用他自己的话说，"从此翻开了人生崭新的、决定性的一页"！

霍英东运用先拆后建这一独特的创新，成就了成功创富的大业，很值得我们学习和借鉴。而逆向思维是创新图变的根本方式，所以要创新，就必须要有用逆向思维打破常规的决心，具体问题，具体分析，不懂打破常规者，事业注定不能有大的发展。

面对我们自己所拥有的东西，不要用传统的心态去对待，不要刻意去寻找他的不足之处，而是用积极的心态去处理，充分发挥自己的想象力，拓展自己的思维，你会找到一条创新的路子，你可以变废为宝。

美国佛罗里达州的一位农夫买下了一片农场，他对那片土地非常伤心，因为那里既不能种水果，也不能养猪，那里只能生长白杨树和响尾蛇。

但是，这位农夫善于思考，很快他就找到了一个常人根本就想不到的办法——他要在这片土地上养响尾蛇。

他的想法使认识他的每一个人都感觉到吃惊：因为他想建一个响尾蛇农场，做响尾蛇肉罐头。当他把这个想法变成行动并且成功的时候，来农场参观的人络绎不绝，最终走出了一条适合自己的路。最后他的生意越做越大，他取出响尾蛇的蛇毒，运送到各大药厂做成蛇毒的血清，还把响尾蛇的皮卖出去做成女人的皮鞋和皮包，再把装着响尾蛇的罐头销售到全国各地甚至出口。后来这个村子干脆改名为响尾蛇村，来纪念这位敢于创新的农夫。

虽然农夫曾经很穷，但因为他善于思考，懂得创新，因此，不但改变了他贫穷落后的状况，还助他成就了大事业。这就告诉了我们：只要你善于思考，懂得创新，就能变废为宝，把不可能变为可能，只要你勤于思考，勇于创新，一切皆有可能。

3. 标新立异，做别人不能做的事

标新立异才可能独领风骚，只有那些不断创新的人才有可能获得成功。模仿与抄袭也许可以取得一点小小的成绩，但那都是暂时性的。人做事不能永久固守一条模式，也不可能永远靠抄袭和模仿来发家致富。当形势与环境发生变化时，唯有标新立异、懂得创新的人，才可能从一个成功走向另外一个成功。

盛田昭夫和井深大一起创立的索尼公司的宗旨是："绝对不搞抄袭伪造，而应专选别人今天、甚至以后都不易搞成的商品。"

如果在创建事业的最初，这条宗旨表明了公司的原则和奋斗目标的话，那么之后实施和坚持这条宗旨则成了盛田昭夫接连成为市场竞争大赢家的秘诀之一。

日本一般企业经营的基本方法是大量生产、大批销售，但盛田昭夫走的并不是这条路。他的方式正如上述那一条宗旨所要求的，首先投资开发研究，创造出其他公司难以模仿的产品，即便是这种商品被其他竞争者赶上了，还有新的产品出现。

20世纪50年代初，收音机在日本还很少，但人们已经逐渐认识到了收音机的好处：收音机市场大有潜力可挖。很多制造商都看准了收音机市场必将火爆的那一天，因而纷纷大批量生产。当时流行的收音机功能不是很全，音质也不是很好，可以说存在很大的缺点，收音机的内部几乎全部使用笨重易热的真空管，体积很庞大，特别耗电，而且不好随身携带。

盛田昭夫当时十分看好收音机市场隐藏的潜力，但又考虑到未来市场巨大的竞争压力。盛田昭夫在背负很大压力的情况下，他想如果能克服流行收音机的缺点，生产出音质好，外形美观、省电、容易携带的收音机，肯定会受到消费者的青睐，并且独占收音机市场的鳌头，成为技术革新的领导者。

盛田昭夫想要研制这种能携带甚至可以放在衬衣口袋里的小型收音机，就必须以半导体取代真空管，而半导体的专利权，只有美国休克利博士才拥有。

他为了半导体的事专门去了一趟美国，征得了休克利博士的同意，引进了半导体材料技术专利，并且还与拥有半导体专利权的西方电气公司签订了专利合约。

最终，盛田昭夫推出了日本第一批小巧玲珑的半导体收音机，这批第一次标有"SONY"字样的产品一出世便令同行和消费者惊诧，"SONY"牌收音机一下子风靡日本，原来的真空管收音机顷刻之间成为陈旧的过时货。

时隔不久，盛田昭夫生产出更小的口袋型半导体收音机，并大批上市。这种收音机可随身携带，就像手表一般便捷，在社会上形成了一种新时尚，标新立异的索尼公司顿时引起人们的极大注意，"SONY"成了家喻户晓的品牌。

盛田昭夫的标新立异赢得了消费者的喜爱，又在市场竞争中出奇制胜，同行企业对盛田昭夫既嫉妒又羡慕，于是纷纷效仿他的创新。

盛田昭夫因为创新，很快就在同行中脱颖而出。他写过一段耐人寻味的话："我们的计划是用新产品来带领大众，而不是被动地去问他们要什么产品，消费者并不知道什么是可能的，但是我们知道。因此，我们要去下一番功夫做市场调查，并且要有不断修正每一种产品及其性能、用途的想法，依靠引导消费者，与消费者沟通，来创造市场。"这段话体现了盛田昭夫的经营策略，体现了索尼公司的一个基本精神，风靡全球的"Walkman（随身听）"就是这种精神的产物。一天，总经理井深大提着手提式录音机和一副耳机，来到盛田昭夫的办公室，一脸无奈地说："我喜欢听音乐，可又不希望影响别人，又不能整天坐着不动，只好提着录音机走，可这实在是太沉重了，这哪是我这老头子能吃得消的？"

井深大这番抱怨的话一下子激发了盛田昭夫的思维与想象。他想，能否研制一种小型随身携带的录音机呢？如果研制成功的话，井深大总裁不就再也不会抱怨手提式录音机的沉重了吗？当然，它将能更好地满足那些须臾也离不开音乐的年轻人。

经过不断地创新，一台"随身听"的样品造出来了，精致而小巧，音效也非常的好。以盛田昭夫为首的技术骨干认定"随身听"一定会风靡起来，但销售人员则认为这种产品连一点销路都没有，因此，在公司内对"随身听"形成了反对派和支持派两种截然不同的意见。面对反对声，盛田昭夫坚持己见，并说明自己负全部责任，由于"随身听"适合消费者的需要，价钱（3万日元）也适合年轻人的消费。结果一上市就被抢购一空。

几十年来，索尼公司在盛天昭夫创新思想的指导下，不断推陈出新，赚了不少利润。因此，一个公司是否能在同行企业中脱颖而出就要看在技术、产品上能不能创新、能不能标新立异，这对一个企业至关重要。

4. 转换思路，才有出路

成大事者在遇到难题时善于换位思考，即从另外一个角度重新审视自己和环境，以便找到新的人生机遇和突破点，这就是说，换位思考是成大事的习惯之一。一个仅仅跟着别人走的人，不会去探索什么东西，也寻找不到什么东西，最终庸庸碌碌，度过自己平凡的一生。

很多人不敢创新，或者说不愿意创新，是因为他们头脑中关于得失、是非、安全、冒险等价值判断的标准已经固定，这使他们常常不能换一个角度想问题。

举一个例子，假如一个人有100%的机会赢80块钱，也可能有85%的机会赢100块钱，但是有15%的机会什么都不赢。在这种情况下，这个人会选择最保险安稳的方式——选择80块钱而不愿冒一点险去赢那100块钱。可如果换一种思维方式来思考这个问题，一个人有100%的机会输掉80块钱，另外一个可能性是有85%的机会输掉100块钱，但是也有15%的机会什么都不输。这个时候，人们都会选择后者，赌一下，说不定什么都不输。

这个例子使我们明白，平时我们之所以不能创新，或不敢创新，常常是因为我们从惯性思维出发，以至顾虑重重，畏手畏脚。而一旦我们把同一问题反过来考虑，就会发现很多新的机会，新的机遇。

因此，与其在摩肩接踵中举步艰难地发展，不如走一条没有人走过的路迅速崛起，这就需要转换思路，具备一定的创新精神，这也是能做大事和不能做大事的区别。

罗勃·梭特曼是一个著名的化学家，他发现带离子的糖分子对人体非常重要，他曾经做过很多试验都没有成功。但是他一直没有放弃，一直都大胆地做推测，设想从什么方面能够突破。直到有一天，他突然想起为什么老研究无机化学，可以转化一下从有机化学的观点来看这个问题，于是他突破了束缚，终于取得了成功。

当然，作为在平凡生活中追求梦想的普通人，换一种方法想问题所取得的成效，其实不亚于科学家的新发现。不要以为创新是一件多了不起的事情，在日常生活中产生创新灵感的例子很多很多，也不要以为现在有那么多的创造发明，自己已经"无新可创"了，只要每个人都成为"有心人"，更多的发明创造就会如雨后春笋般出现。

山姆是一家大公司的高级主管，他面临一个两难的境地：一方面，他非常喜欢自己的工作，因为有丰厚薪水——他的位置使他的薪水有只增不减的特点；但另一方面，山姆非常讨厌他的上司，工作这么多年一直都在忍受，最近似乎到了忍无可忍的地步了。在经过慎重思考之后，他决定去猎头公司重新谋一个职位，猎头公司告诉他，以他的条件，再找一个类似的职位并不费劲。

回到家中，山姆把这事告诉了妻子，妻子是一个教师，妻子告诉他看待问题，也就是把正在面对的问题完全颠倒过来看——不仅要跟你以往看这个问题的角度不同，也要和其他人看这个问题的角度不同。这使山姆得到了启发，顿时一个大胆的创意在他脑中浮现。

第二天，他又来到猎头公司，这次他是请公司替他的上司找工作。不久，他的上司接到了猎头公司打来的电话，请他去别的公司高就，尽管他完全不知道这是下属和猎头公司共同努力的结果，但正好这位老板对于自己目前的工作也厌倦了，所以没有考虑多久，就接受了这份新工作。这件事最美妙的地方，就在于他的上司接受了新的工作，结果他目前的位置空出来了，山姆申请了这个位置，于是坐上了以前他上司的位置。

在这个故事中，山姆本意是想替自己找个新的工作，以躲开令自己讨厌的上司。但他的太太教他换一种方法想问题，就是替他的上司而不是他自己找一份新的工作。结果，他不仅仍然干着自己喜欢的工作，而且摆脱了令自己烦心的上司，还得到了意外的升迁，可以说从不同的角度看问题，找出出路，也是另一种形式的创新。山姆就是从不同的角度看问题，取到了一箭三雕的效果。

一些专家在研究汽车的安全系统如何更好地保护乘客在撞车时不受到伤害时，最终也是得益于换一种方法解决问题的思路。他们想要解决的问题是，在汽车发生碰撞时如何防止乘客在车内移动，因为这种移动造成的伤害往往是致命的。在种种尝试均告失败后，他们想到了一个有创意的解决方法，就是不再去想乘客绑在车上不动，而是去想如何设计车的内部，使人在车祸一发生时，最大限度地减少伤害。结果，他们不仅成功地解决了问题，而且开启了汽车内部设计的新时尚。

在现实生活中，当人们解决问题时，时常会遇到"瓶颈"。这是由于人们看问题只停留在同一角度造成的，如果能换一换视角，也就是换一种方法考虑问题，情况就会改观，也会收到人们意想不到的效果。我国著名品牌空调——格力空调的诸多品种中有一种"灯箱柜机空调"，它的发明过程也是很偶然的。1995年，格力公司的朱江洪在美国考察，无意中看到了可口可乐售货机的颜色很艳丽，脑海里一下子出现灵感，"格力"因而就设计出了一个获得专利的新产品"灯箱柜机空调"。这种空调一扫几十年来的"空调冷面孔"：柜面上风景如画，"瓜果飘香"，在原来的使用价值中又增加了几分美感。朱江洪的这一"美国情缘"，就让空调的"脸"发生了变化，格力的彩面柜机空调比市场上同类产品价值高出300多元，但这种空调在国内外市场都很畅销，而且还因为拥有自己的知识产权，没有竞争对手，一举成为该公司上百款空调中利润率最高的。

做出一番大事业不容易，但却不是不可能的事情，其实我们每个人都有这种能力，其关键就在于你是否敢去创新，你是否具有一种创新精神。

5. 做事不要过于死板

巴尔扎克说："只有超人的天才才会像蛇一样自我更新。做事情灵活远胜于死板。"

一个人无论做什么事情都要懂得运用合适时机来做，抓住稍纵即逝的机会。利用尽可能的资源来成就自己的事业，完成自己的目标。在完成目标的同时加上自己的创新是一个企业做大做强的根本。

可口可乐公司自创业以来长盛不衰，销售的可乐占全世界饮料消费量的47%，是百事可乐公司销售量的两倍多。

第二次世界大战期间，可口可乐公司随着美国军队进入了欧洲和日本，然而美军撤退后，可口可乐公司却在当地建立起自己的海外销售的智囊团，以广告、包装等猛烈攻势来拉拢全世界的消费者。据估计，可口可乐公司有80%的营业收入是来自世界各地的销售成果。

当百事可乐公司开始与饭店和快餐业接触时，可口可乐已经将业务发展到160多个国家，许多竞争者面对此种情况，都不得不承认，在利用潜在的市场发展能力方面，可口可乐公司比其他任何公司都处于更有利的地位。

可口可乐公司在国外驾轻就熟地运用广告行销的谋略，为了表现公司产品及影响力无处不在，除了推广成为各项运动会上的指定饮料之外，在西班牙斗牛、澳洲的骆驼大赛或新西兰的剪羊毛比赛场中，都能看见它的红白标志。可口可乐公司之所以能够做大做强，关键是公司不是固守一条法则，而是能运用多种手段来做事，利用不同的时机来做不同的事情。

可口可乐公司的经营宗旨是："绝不会因为利润小而不做！"无论获利多么微少，他们都以兢兢业业的态度来经营，特别是对零售业务也非常重视。

在世界各地，可口可乐公司出版商业杂志，为夫妻加盟店举办专门讲习班，讨论如何更有效地经营；为了适应不同国家、不同年龄层的消费者的口味要求，公司也做出了一些调整。在西班牙，它主要作为一种混合物，甚至用来和酒掺着喝；在意大利，可口可乐则成为进餐时的饮料，取代了酒、牛奶与咖啡。

凡此种种，都体现了可口可乐公司广泛的经营理念，不局限自己的发展空间，甚至愿意入境随俗地改变自己，这些都是许多坚持传统的商业产品所无法做到的，而这正是可口可乐公司的成功之处！

可口可乐的成功诀窍不仅是抓准商机，也强调发展需求。因此，我们可以见到，可口可乐公司成功之后，并不只是在口感上有所改变与进步，经营阶层更懂得随着时代潮流的变化，时时根据消费者的心理需求，改变自己。

创新对于一个企业来说至关重要，只有懂得创新，一个企业才能更好地盈利，在众多的企业里脱颖而出，甚至做强做大。拥有与众不同的思路、不同的方法，就会有不同的结果。在大多数人认为不可能的地方做出自己的成绩，这才是真正的事业高手。

6. 别出心裁，会有意外收获

"山重水复疑无路，柳暗花明又一村。"做事情的时候我们可能会陷入一个绝境，这个时候不要一概地沿路返回，也不要束手无策，更不要惊慌失措，坐以待毙。而应该打破常规，运用自己的创新能力开辟一条星光大道，说不准所谓的"绝境"可能会变成一个"世外桃源"。

一个人想要成功，就必须懂得运用逆向思维打破常规，绝不能墨守成规。只有变化与创新，才能出奇制胜。创新思想是成功者必备的策略，它需要采取反"常"的策略，才能在人云亦云的环境中出众，成就一番大事业。

唐代著名诗人陈子昂，为了能出人头地，跋山涉水来到京都长安，一住就是10年，但是他和10年前没有什么区别，还是一个无名小卒。为此他非常懊恼，想尽一切办法希望得到别人的赏识。

一次，长安城里来了一个卖胡琴的，胡琴通体晶莹玉润，琴音优美，据说能绕梁三日。此琴要价100万钱，每天都有不少富商显贵前来观看，但却无人购买，长安城里吵得沸沸扬扬。有一天，陈子昂从人群中走出来，对卖琴人说："此琴我买了。"围观的人都非常惊讶。"你是谁呀？好大的口气！""你买它能有什么用呀？"陈子昂冲众人施礼一笑："在下陈子昂，拉胡琴是我的强项。"刚说完，众人拍手道："好啊，那你就当众给我们拉一曲吧。"陈子昂说："明天吧，我住在宣阳里，明天备好酒菜，恭候长安的各界名流前来赐教！"

第二天，陈子昂住处门庭若市，100多位长安名流贤士聚集一堂。待大家酒足饭饱之后，陈子昂抄起桌上的胡琴，猛地扔出很远，摔了个粉碎。众人惊呆了，急忙问："这么好的琴怎么就砸了呢？"陈子昂起身对大家说："我陈子昂著文赋诗已有数年，积有作品数百件。远道来京，一直碰不到伯乐，非常郁闷，怎么会热衷拉胡琴呢？"然后把自己的作品分送给大家。一天之内，陈子昂的名字在长安城里已是家喻户晓。

由此可见，创新对于一个人来说是多么的重要。陈子昂就是运用了自己的创新思维打破常规，赢得了全长安城人的赏识。

创新，对于企业来说，是一种生存的活力；对于一个人来说，是走向成功的动力；对于成大事的人来说，是一种必不可少的"习惯"。

19世纪中叶，美国加州出现了一股寻金热，许多人都怀着发财的梦想争先前往。

当时，一个17岁的小农夫亚默尔也想去碰碰运气，但是他却穷得连一张船票都买不起，只有风餐露宿地跟着大篷车来到加州。到了加州，他就发觉当地气候非常干燥，水源缺乏，然而这些寻金的人最缺的就是可以饮用的水。看着身边寻金的人因没有水喝很是痛苦，甚至还听到有的淘金人嚷道："谁给我一壶水喝，我宁愿给他一块金币！"这些牢骚给了亚默尔一个灵感。他放弃了淘金的梦想，转而开凿渠道引进水源，并且将引进的水源过滤，变成清凉解渴的饮用水。他将这些水装入桶里，卖给了淘金的人。

一开始人们都笑他，不去淘金反而去卖水赚其蝇头小利。但谁都没想到在短短的几天，他便赚了6000美元，这个数目在当时简直就是天文数字。在人们因为找不到金矿而在异乡挨饿受冻时，发现商机而大胆创新的亚默尔却已经成了一个小富翁。

这个实例告诉了我们，在经营的策略上不要跟随别人，要有自己的策略，要懂得创新才会创出属于自己的一片天。做任何事情都要动用大脑想出别于他人的策略，这就是创新，用创新的思维开创属于自己的一条路，那路会助你通向成功，那路的尽头也许就是柳暗花明又一村的境地。

7. 创新是成大事的最佳武器

要想成就一番大事业，必然要学会创新，没有创新意识的人，即使他懂得再多，也难成大事，因为知识自身不会创造什么价值，而唯有在创新头脑的运用下，知识才可能成为力量。

做任何事情，无论事大事小，只要肯创新，就能够扩展更多的成功空间。通过创新，再小的事情也能够做大。

克劳斯在做生意这方面很有天赋，他曾说过："我不喜欢从事一个普通的职业甚至是讨厌，因此一直都没有工作。但是我能够做任何事情，甚至是很小的事情——做冰激凌。"

于是，克劳斯在入学不久就在大学宿舍里做起了冰激凌。不久，同校的两个伙伴科恩和希尔顿也加入了。克劳斯卖掉大部分债券，还拿出上高中时候辛辛苦苦做销售赚来的6000美元，和他们合伙开了一家冰激凌公司。

经过市场调查，克劳斯发现，冰激凌的口味都一样，他敏锐地觉察到，这为他们创业提供了一个很好的空间。可以做多种口味的冰激凌来供人们选择，可以使用啤酒酿造技术制作口味奇特的冰激凌，还可以与当地的乳酪厂联系，由他们提供特制的奶酪。

由于冰激凌在口味上发生了天翻地覆的变化，克劳斯的新产品一上市就供不应求。不同口味的冰激凌很快就成为饮食界的时尚食品。

在1999年，克劳斯的美国杰里米冰激凌公司生产的超级口味的冰激凌销售额就突破了500万美元。这样一个惊人的业绩，可以说是克劳斯创新的一个结果。因为他说过："我们就是要趁年轻的时候做一个行业中的创新者，而不是做一个一成不变的制造者。"

一个人创业能否成功，一个企业能否在市场上站稳脚跟，关键就看他懂不懂创新。目前，企业的首要创造力就表现在产品的创新方面，产品创新主要包括产品开发、更新速度及产品的质量和水平。

积极开发新产品，是保证公司取得竞争优势，使公司立于不败之地的基础。市场是公司生存的客观条件。公司要生存和发展，就要不断扩大和开辟新的市场，要做到这一点，离开了产品开发是根本办不到的。

公司只有不断开发新产品，做到"人无我有，人有我优，人优我廉，人廉我转"，才能在市场竞争中处于主导地位。

在20世纪60年代末，日本的小汽车产量、销量排在西方发达国家之末，而到了1978年竟跃居世界第一：产量第一，销量第一，生产率第一。主要就是因为日本采用了先进的管理方法，不断改进设计，制造出质优价廉的新型汽车。

王安公司原来是美国一家大名鼎鼎的电脑公司，为什么他会从"电脑帝国"的宝座上跌落下来，其主要就是失败在创新上。不懂得开发新产品，不发展新行业，公司如履薄冰，随时面临被淘汰的危险，生产的产品跟不上人们的脚步，最终会被淘汰的。

如今的社会，一个企业如果不懂得如何去创新，那肯定会被淘汰。可见创新已经成为人们生活的一部分，想成就一番大事的人，脑子里必须要有创新的因子。只有做到拥有知识并能突破创新，才能脱颖而出，做出一番顶天立地的大事业。

8. 从反面着手，多角度尝试

马云说："晚上想想人生有千条路，但明天走的还是原路。"有一些事情，总是很难解决，有时换个思路就会豁然开朗。从事情的反面着手，会收到意想不到的效果。

人生之路千万条，总是跟在别人后面走的人，永远走不出一条属于自己的路。只能平平庸庸、碌碌无为地活着。成功是属于那些敢走别人没有走过的路的人。只有敢走别人从未走过的路，更换以往的做事方式，才能把事情做好，实现自己的梦想。

同一件事情可以从不同的角度去做，不妨试试从反面着手，你会收到意想不到的效果。

一个星期六的早晨，小儿子约翰吵闹不休，向父亲要零花钱。父亲是位牧师，当时正在看一本旧杂志，一页一页地翻阅，一直翻到一幅色彩鲜艳的大图画——世界地图。于是他从杂志上撕下这一页，再把它撕成碎片，丢在地上，对儿子说："小约翰，如果你能把这些碎片拼成正确的地图，我就给你5美元。"

牧师以为这件事会把约翰上午的大部分时间花去，可没想到不到10分钟，他儿子就来敲他的房门了。牧师惊愕地看着儿子："孩子，这件事你怎么做得这么快？"牧师问道。

"啊，"小约翰说，"这很容易。在图画背面有一个人的照片。我就把这个照片拼到一起。然后把它翻过来，我想如果这个人是正确的，那么这个世界地图也就是正确的。"牧师微笑起来，给了儿子5美元，说道："你把明天的讲演内容都替我准备好了。"

牧师的思路没有错，如果要把这些碎片拼成世界地图，确实要花大半天的时间。可是他的儿子却另辟蹊径，从反面着手，从而在很短的时间内达到了人们意想不到的效果。这也可以说是一项创新，至少孩子没有和其他人一样走同一条路，花上半天的时间去完成拼图。

考虑问题，不要始终朝着一个方向去思考，去发展。不妨从不同的方位去思考，也许不经意的一个思考就会把自己推上成功之路。

上海《新民晚报》报道了这样一个故事，沈阳捡破烂的王宝财一天突发奇想：把易拉罐熔化后卖，是不是能多卖钱呢？

他这样想也这样试着做了。他把熔化后的金属块找专家鉴定，专家鉴定为一种贵重的合金，于是他心中有了底，就印制了些传单发给收破烂的同行，把易拉罐的收购价从7分提高到1角4分。几天后，他的收购点已经有了一大汽车易拉罐。他把收购的易拉罐融化后，再当作贵合金卖出去，就这样，他在三年中成功地赚了270多万元。

王宝财的故事告诉我们，做任何事情不要按一种方式盲目地做下去。不妨从多角度去考虑一件事，要有换一种做事方法的勇气，多想一想，多试一试，说不定成功就在这多试一次之中，你的命运也将会随之改变。

通过以上成功的例子，我们能够清楚地看到改变做事的方式，可以使事情做得更好；相反，如果人云亦云，事情不仅办不好，而且还有可能搞得一塌糊涂。成大事的人是不会从一个方面去考虑问题的，他们懂得在合适的时机去创新，谋求一条适合自己的发展道路。

9. 创新的捷径来源于学习

一个人知识储备越多，发展空间越大，创新的思维就越开阔。

一个人若想成功，就必须懂得创新，不能老守田园，故步自封。创新来自伟大的知识力量，而知识的吸取靠的是勤奋学习。

歌德说："人不只是靠他生来就拥有的一切，而是靠他从学习中得到的一切来造就自己。"

西汉学者扬雄说："学者，所以修性也。师、听、貌、思、性之所以也。学则正，否则邪。"

曾国藩认为："人之气质，由于天生本性难改，唯读书学习可以改变人。"

培根在《论读书》中写道："读史使人明智，读诗使人聪慧，演算使人精密，哲理使人深刻，伦理使人有修养，逻辑修辞使人善辩。"

显然，学习可以改变一个人的思维模式。

林语堂先生在《读书的艺术》里说："一个没有养成读书习惯的人，以时间和空间而言，是受眼前的世界所禁锢的。他的生活是机械化的，刻板的；他只和几个朋友和认识的人接触谈话，他只能看到他周遭所发生的一切事情，他在这个监狱里是逃不出去的。可是当他拿起一本书的时候，情况就不同了。他立刻走进一个不同的世界。如果是一本好书，他便立刻接触到这个世界上最健谈的人。这个谈话引导他前进，带他到一个不同的世界和不同的国度。"学习就是这样的富有趣味性。

求知、学习就是置身于一个成功的环境，就是聆听贤达的教诲和指教，就是与成功者做朋友，就是问成大事者学习成功的方法。

知识，是创新的准备，是竞争力的"内功"，是成功的积累。特别是在竞争日益加剧的环境里，等到对手碰面时，胜负其实早已定了。就像"华山论剑"，最终靠内功、靠武学的修行和领悟来决定胜负。因此，竞争早就开始了，比的就是"准备"，比的就是日积月累的修为。

成功的积累和准备，就是修炼的准备、目标的准备和行动的准备。

没有知识的一生，是空洞的一生。知识是慢慢积累的，只有丰富的知识才能更好地扩展自己的思维，创新才能变成一种可能。学习接触新知，通过"闻知"和"亲知"得到"说知"，于是新的思想便产生了。因此，学习就能创新。

苏联科学家乔奥尔科夫斯基曾说过："我在发明创造中学习。"在学习中创新，在创新中学习，学习创新，创新学习循环往复，不断进步。因此，学习是创新的一条途径。要想创新就必须先积累知识。

成功无止境，创新无尽时，学习无绝期。《国语》记载晋文公向臼季学习读书，过了三天，文公说："我觉得一时用不上，知识倒是增长了。"

臼季回答说："既然知识多了，等到用得着的时候，不就比未学者要强吗？"

成功的人生，应该像河流。无论多少艰难险阻，始终矢志不渝，不断积累，不断准备，终会满溢而过、破决而出，最终使自己成为一个成大事者。

10. 墨守成规，难有出路

要想有所成就，首先就要做一个具有创造性的人，充分利用独立思考的习惯，这样你就会在拼搏中找到自己的位置和方向。一个总是墨守成规的人，一定是一个打不开思路的人。

创新能够"救活"自己异常的思维和才智，从而激发自己全身的能量。在日常生活中，每个人都在投石问路，或难或易，或明或暗，或悲或喜，仿佛不停地挣扎在一个个"陷阱"之中，因此用有效的创新来点击人生的火花，就成为生存的手段。

谁要抓住创新的思想，谁就会成为赢家；谁要拒绝创新，谁就会成为平庸的傀儡！因此，一个有着创新习惯的人，就会拥有闪亮的人生！

有这样的一个小笑话：狗家族出了一条很有志气、很有抱负的小狗，它向整个家族宣布要去横穿大沙漠，所有的狗都跑来向它表示祝贺。在一片欢呼声中，这只小狗带足了食物、水等必需品上路了。三天后，突然传来小狗不幸牺牲的消息。

是什么使这只小狗失去生命的呢？检查食物，还剩很多；水不足吗？也不是，水壶还有水。后来，经过研究，终于发现了小狗死亡的原因——小狗是被尿憋死的。

因为小狗有一个习惯——一定要在树干旁撒尿。由于大沙漠中没有树，也没有电线杆，所以可怜的小狗一直憋了三天，最后就被憋死了。

现实生活中，人也容易受习惯束缚的影响，一个人如果很难改变自己的习惯，下场就会像小狗一样。

约30年前，做全版的回函广告有个约定俗成的规定，就是把优惠券放在右下角，并把优惠券做得非常显眼。通常的做法就是，用又大又粗的虚线把优惠券框出来，配上显眼的标题，诸如"免费使用券"或"订货单"等。人们对这条金科玉律奉行不渝，直到后来有几位广告人士打破这条成规。现在约有1/3的回函广告使用"不设优待券"的新设计。这种广告不放优惠券，而是把订购的指南统统写进去，然后请顾客拨打800免费电话，或是找张纸写下自己的姓名、地址等资料，发传真或邮寄信息，完全不用填写优惠券或剪优惠券。这样做的结果大大增加了回函。

别让所谓的规则成为束缚你头脑的蔓藤，扯断它，就能重获自在的空间。

第八章 少做"白日梦"，用实际行动说话

——改掉懒惰松散的习惯

人的行动不是单一举动，而是习惯性。因此，它总是在不知不觉中，长年累月地影响着人的行动，暴露着人的本性，左右着每个人的每一次成败得失。

1. 懒惰容易使你错失良机

一个人无论他想要成大事的决心有多么的坚定，定位多么的精准，如果不付出行动，那么这一切都是空话，就变成做"白日梦"。只有依靠行动，一切才皆有可能；只有依靠行动，才能一步一步接近成功；只有行动，才能把小事做大。

俗话说："种瓜得瓜，种豆得豆。"如果你想体验收获后的那种喜悦，那么不要羡慕别人的运气，天底下没有不劳而获的东西，也没有空手可得的成功，你要成功，就必须经得起长久的努力与付出。

做什么事情都要富有积极和热情，不要养成拖拖拉拉的习惯。明天有明天的事情，今天能做的事一定不要拖到明天。拖拖拉拉的习惯会让你错失一些良机，会使你遗憾终生。

张朋有个出了名的坏习惯，做事总喜欢拖延，有了想法的时候不去行动，能拖一天就算一天。如果有什么事，今天做可以，明天做也可以的，那他绝对会拖到明天再做，所以朋友们给他起了个外号叫"磨蹭大王"。在学校里，这个习惯对他来说没有带来多大的影响，顶多是晚交报告被教授说几句，但到了社会上，他却因此吃了不少苦头。

毕业后，张朋一直没找到合适的工作，有一天在电视上看到一个公开招聘三名电台主持人的信息。听到这个消息，张朋非常高兴，招聘的条件他都具备，而他的学历也颇有优势，能当上电台主持人是他这辈子最大的梦想，这可谓是天赐良机。那什么时候去报名呢？张朋想："过两天吧！总要准备准备吧！"于是一天拖过一天，五天后，他终于决定行动了！然而，当他风尘仆仆地赶到某市时，电台工作人员却告诉他，三天前报名就截止了。于是张朋只好带着遗憾回到家，他自己也明白，以后很难再碰到这样好的机会了！

张朋的事例告诉了我们，做任何事情不要能拖就拖，要采取积极主动的态度。一味地拖下去只会错失良机，致使自己终生后悔。

很多人在年轻时就养成了拖延的习惯，专家对1000名男女的失败报告做了一个分析。分析显示：拖延的习惯高居众多失败原因中的榜首。如果我们能够立刻行动的话，那么人生成功的概率会更高一些。由此可以看出，积极行动可以改变一个人做事的成败。

还有这样的一个故事：从前一个国王做事总喜欢拖延。有一次，他收到一封潜伏在敌国间谍发回来的紧急情报，他当时没有把情报拆开来看，而是随手把它搁在餐桌上，心想："明天再处理吧！"第二天，在吃早餐的时候，他看见了那封紧急情报，"没什么重要的事情吧！等吃完早餐再看也不迟！"大臣给他斟上一杯香醇的美酒，等他喝完之后，才慢慢拆开信件。看完信，他立刻跳了起来，原来上面说：国王的侍臣中有间谍，他接到了毒杀国王的命令。国王想召集侍卫，可是已经太晚了，鲜血从他的嘴角流下来，他刚才喝的正是那杯毒酒。

只不过把事情拖了一个晚上，国王就付出了生命的代价，如果他能做到立即行动的话，情况就会有转机。生活中，许多人都有拖延的习惯，由于这种习惯，可能会出门误车、上班迟到，或者失去可能更好地改变他们整个生活进程的良机。所以，无论什么情况下，如果你想做什么事情的话，那就马上开始行动，千万不要拖延，以免错过最佳时机。

我们应该戒掉拖延的习惯，要不断提醒自己"立即行动"，因为只有这样你才能抓住宝贵的时机，成就梦想中的事业。行动往往比思维快，"成功必须立即行动，否则它会长上翅膀，远走高飞"。

2. 白日做梦的结果是竹篮打水

光想不做，梦想是永远也不会实现的，再美好的梦想也注定是白日梦。梦想的实现靠的是行动。行动是实现梦想的关键，只知道幻想而不付出行动，是永远不会成功的。

　　大多数人对未来都有一个美好的憧憬和设想，但是大部分人却不去执行，最终的结果就变成"癞蛤蟆想吃天鹅肉"、做"白日梦"。再美好的梦想不去行动，最后与成功也是擦肩而过。而那些成功的人，都是一些敢想敢做的人，在他们的意识里，成功就在于行动。

　　成功人士之所以成功，最大的特点就是敢想敢做。敢想可以使一个人的能力发挥到极致，也可使一个人献出一切，排除所有障碍。敢做使人迅速前进，而不会瞻前顾后。

　　大凡能想尽一切办法解决问题的人，常常都会有意想不到的收获。有的人常常埋怨自己的命运坎坷，但是却不知道如何用行动来改变自己的命运。十个空洞的想法不如一个实际行动，所以，价值是靠行动体现出来的。

　　无论过去还是现在，许多成功人士在工作中都赋有积极性和相当的热情。他们对工作充满希望，能够为自己执着追求的事业奉献一生。

　　有一个女大学生，可以说要身材有身材，要长相有长相，算一个十足的美女，再加上学习成绩不错，像这样的一个女孩子可以算得上是才貌双全。她最大的梦想是能成为一名模特，在T形台上闯出属于自己的一片天地，然而她却在这条路上走的不成功。接连两次落选，这使她备受打击。于是，她也不去找工作，天天窝在家里看那些超级名模的走秀录像带。渐渐地，她开始陷入只属于她自己的世界里：看着屏幕上窈窕的身影，她想象着自己就是她们中的一个，穿着美丽的衣服，在各大都市中穿梭，迎接她的是鲜花和人们爱慕的眼神……一段时间，在上海工作的哥哥，帮她找到了一个做平面模特的工作，大家都以为她会很高兴，但她却冷淡地拒绝了，她认为自己一定会成为一个超级名模。就这样，她还是每天窝在家中，编织着美丽的梦——一场注定无法实现的美梦。光想不做，无论愿望多么的美好，始终都是无法实现的。

　　弗洛依德认为，在现实生活中人们爱做"白日梦"，是因为人们的某种欲望得不到满足或缺乏某种欲望，所以才在一系列虚无的幻想中寻求心理平衡。经常习惯做白日梦的人会给人们带来很大的危害，所以人们必须及早改正做白日梦的习惯，否则一生的时间就会被白白地浪费，所有的希望都会化为泡影。

　　一年夏天，一个纯朴的乡下小伙子登门拜访年事已高的爱默生。小伙子是一个诗歌爱好者，因仰慕爱默生的大名，故千里迢迢前来寻求文学上的指导。

　　这位青年诗人虽然出身贫寒，但谈吐优雅，气度不凡。第一次见面就和爱默生谈得非常融洽，由此，爱默生对他非常有好感，也很欣赏他。

临走时，青年诗人留下了薄薄的几页诗稿。爱默生读了这几页诗稿后，觉得这位乡下小伙子在文学方面很有天赋，只要肯在这方面下功夫将会前途无量，于是他决定凭借自己在文学界的影响力推荐他。

爱默生将年轻人留下的诗稿推荐给文学刊物发表，但影响不大。他希望这位青年诗人继续将自己的作品寄给他。于是，老少两位诗人开始了频繁的书信来往。

青年诗人的信写得长达几页，大谈特谈文学问题，激情洋溢，才思敏捷，表明他的确是个天才诗人。爱默生对他的才华大为赞赏，在与友人的交谈中经常提起这位年轻人。青年诗人很快就在文坛有了一点小小的名气。

但是，这位青年诗人以后再也没有给爱默生寄诗稿来，信却越写越长，奇思异想层出不穷，言语中开始以著名诗人自居，语气越来越傲慢。爱默生开始感到不安。凭着对人性的深刻洞察，他发现这位年轻人身上出现了一种危险的倾向。通信一直在继续，然而爱默生的态度却逐渐变得冷淡，最后成了一个倾听者。

很快，秋天到了。爱默生去信邀请这位青年诗人前来参加一个文学聚会，他如期而至。在这位老作家的书房里，两人有一番对话："后来为什么不给我寄稿子了？""我在写一部长篇史诗。""你的抒情诗写得很出色，为什么要中断呢？""要成为一个大诗人就必须写长篇史诗，小打小闹是毫无意义的。""你认为你以前的那些作品都是小打小闹吗？""是的，我是个大诗人，我必须写大作品。""也许你是对的。你是个很有才华的人，我希望能尽早读到你的大作品。""谢谢，我已经完成了上部，很快就会公诸于世。"

文学聚会上，这位被爱默生所欣赏的青年诗人大出风头。他逢人便谈他的伟大作品，虽然谁也没有拜读过他的大作。即便是他的几首由爱默生推荐发表的小诗也很少有人拜读过。但几乎每个人都认为这位年轻人必将成大器。否则，大作家爱默生能如此欣赏他吗？

转眼间，冬天到了。青年诗人继续给爱默生写信，但从不提起他的大作品。信越写越短，语气也越来越沮丧，直到有一天，他终于在信中承认，长时间以来他什么都没写。以前所谓的大作品根本就是子虚乌有之事，完全是他的空想。

　　他在信中写道："很久以来我就渴望成为一个大作家，周围所有的人都认为我是个有才华、有前途的人，我自己也这么认为。我曾经写过一些诗，并有幸获得了阁下您的赞赏，我深感荣幸。

　　"使我深感苦恼的是，自此以后，我再也写不出任何东西了。在现实中，我对自己深感鄙弃，因为我浪费了自己的才华，再也写不出作品了。而在想象中，我是个大诗人，我已经写出了传世之作，已经登上了诗坛的王位。

　　"尊贵的阁下，请您原谅我这个狂妄无知的乡下小子……"

　　从此，爱默生再也没有收到这位青年诗人的来信。

　　"白日梦"给人带来的最大副作用就是逃避现实、不思进取。比如故事中的这位青年诗人，当他养成做白日梦的习惯后，他根本就没有考虑过如何才能走向成功，如何才能实现自身的社会价值。他一心只梦想着成功后的那份辉煌。事实上，当陷入难以自拔的白日梦的泥潭之中时，他原有的才华就已经丧失殆尽了，结果他只能成为一名庸人。

　　现实是残酷的，没有想象中那么美好，但它却是实实在在的，光想不做，很容易实现的梦想也永远不会实现。习惯于做白日梦的人不仅浪费时间，到最后还是成不了任何大事业。

　　在现实生活中，很多人都有做白日梦的习惯，然而美梦终归是要醒来的，沉醉于白日梦会让你由逃避现实到与现实脱节，最后一事无成。请记住：人生路上我们不仅需要一对幻想的翅膀，更需要一双踏踏实实的脚！

3. 抓住机会就要及时行动

　　机会不是别人给的，而是自己创造的。在这个世界上取得成就的人，都努力去寻找他们要的机会，如果没有机会，他们不会一味地等待时机，而是积极地创造机会。有了良机就一定要积极行动，否则就会错失良机，到最后什么也得不到。

机遇就像人的天赋一样，它只提供一个机缘，一个条件，一种可能。最有希望成功的人，不是那些富有想象力的人，而是那些有机会就立即采取行动，全力以赴的人。

机遇的出现是没有规律可循的。善于抓住机遇的人也要善于行动，不要有了机遇而不去行动，那样只会错过一次机会。机遇就像时间一样，一去就不复返，而行动显得尤为重要。善于抓住机遇的人，处处都是机遇；轻视机遇的人，即使良机来敲门，也会错过。

从前有位光棍，希望在有生之年能得到真正的幸福，哪怕只有一次也好。于是他开始日复一日地向神灵祈祷，他的诚意终于感动了神灵。

一天，幸福女神敲开了他的家门，这个单身汉十分高兴，急忙请她入内。在漂亮女神的后面还有一个奇丑无比的女子是漂亮女神的妹妹。单身汉看着这个奇丑无比的女人很是诧异。疑惑地问："她真的是你妹妹吗？"女神答道："是呀，她是不幸女神。"

单身汉听了之后，便说："请你到屋里来坐，请你的妹妹在门外等候吧！"

女神说："这怎么行，我们无论走到哪里都是不分开的，我不能单独留下来！"

幸福女神见单身汉犹豫不决，便说："若有不便，我们就回去了。"最后，这个单身汉只好呆呆地看着姐妹俩飘然而去的背影，错过了得到幸福的机会。有了机会不懂得把握的人和有美好的愿望而不去行动的人，无疑都是得不到幸福的人。有了机会就要珍惜，有很好的想法就要全力以赴，不要因为某种无关紧要的原因而错过。

机遇无处不在，关键在于有了机会就要全力以赴做出行动。行动是决定事情成败的关键。有了机会就行动吧！以免自己后悔。

在美国一个小城的广场上，塑着一个老人的铜像。他既不是什么名人，也没有任何辉煌的业绩和惊人的举动，他只是该城一个餐馆端菜送水的服务员。但他对每一个客人无微不至的关怀，令人们永生难忘。

他是一个聋人，他一生从来没有一句表白的话，也没有听过一句赞美之词，他只能凭"行动"二字，使平凡的人生永垂不朽！

只有你的行动，才能决定你的价值。人是自己行为的总和，是行动最终体现了人的价值。无论你是什么人，无论你做什么，只要付出都会有收获。

4. 只有行动才能抓住机会

爱默生说："对于自己的行动不要懊悔，也不要过于在意，人生一切都是试验，试验的次数越多，对我们的行动就越有利。"

世界上没有一件可以完全确定或保证的事。成功与失败往往都在一念之间，它们的区别不在于能力或意见的好坏，而是在于遇到问题时，你敢不敢行动。想法永远都比不上行动，即使你失败了，但是你又有了新的经历、新的经验，也为下一次的成功奠定了基础。

说起意大利航海家哥伦布，大家都耳熟能详，当他发现新大陆凯旋时，西班牙女王为他举行了庆祝大会。

在会上有人满不在乎地说：这没有什么了不起的，大陆本来就在那里，只是被他幸运地撞到而已。哥伦布听后，没有直接回答他人的挑衅，而是拿起一个鸡蛋，对在座的人说："在座的各位，有谁能把这个鸡蛋竖立起来吗？"在场的人面面相觑，都无能为力。

只见哥伦布拿起鸡蛋，将它往桌上一磕，鸡蛋竖立在桌面上，人们为之愕然，但还是有人不屑一顾地说："这也没有什么了不起的，熟鸡蛋本来就可以立起来的。"

这时哥伦布以很平静的口气说："我也觉得这不是什么很了不起的事情，那些事物本来就在那里不动，只是有人将它发现，而有的人却没有发现，差别就这么一点。"正因为"这一点差别"，哥伦布冒着生命危险，历经千辛万苦，横渡大西洋，发现了新大陆。如果哥伦布不冒着生命危险，横渡大西洋，这新大陆会被发现吗？

即使是实实在在存在的事物，你不采取任何行动，也是不可能发现任何东西的。即便你想到了那里可能有你要的东西，但是你又不亲自去看看，那也是不可能发现你要的东西的。成功的结果固然重要，但是过程往往也不能忽略。即使你失败了，但是毕竟你经历过，为下一次的成功积累了经验。

英国的辛普逊和他的同事，为了寻找最佳的麻醉药，解决手术中病人的疼痛问题，也是冒着生命危险，对众多的化学药品亲自品尝。

一次，辛普逊在关门的时候，偶然在门后发现了一瓶药品，拿起来一看，是法国化学家杜马寄来的。当天晚上他决定也来尝尝这个药品，他和他的同事都喝了少许，很快几个人都睡过去了。

当他们醒来的时候，几个人都高兴得像小孩似的。他们终于找到了最佳的麻醉药。

我们与其他人的区别在哪里？我们虽然有成功的决心，却怕失败而不敢采取任何行动。不去行动，怎么实现美好的愿望，造就成功？成功永远都属于那些敢想敢干的人。

一件事情你做了可能会成功也可能会失败。因为世上没有一件事情，在你做之前你就能保证它万无一失，一定会成功。不去做永远都不会成功，做了也许就会成功。

鲁迅先生曾经说过："地上本没有路，走的人多了就便成了路。"如果你都不去走，那能变成路吗？所有的成功和失败都是行动之后才知道是成功还是失败。

5．有纲领更要有行动

事实上，一个实际行动比一打纲领还要重要。成功是靠行动来实现的。爱做"白日梦"的人是没有什么成功可言的。当我们备好行囊，准备向目标奋斗时，行动是第一步。

行动是敲开成功之门的有力手段，或者说，只坐在那儿空想而不行动的人，等于痴人说梦，只有靠自己的双手行动起来，才有成功的可能性。

生活中有很大一部分人做事总是计划来计划去。总觉得构想不够完美，时机不够成熟，结果一拖再拖，不去付出行动。结果耽搁了时机，做事失败了。其实，再好的构想也会有缺陷，即使是很普通的计划，如果确定执行并且努力做好，都比光想不做好得多。局面是靠行动来打开的，坐等机会可能永远都等不到。

很多失败的人，不是没有计划和信念，而是不会把信念和计划转化为行动，不顾一切地坚持到底。

虽然有很远大的理想，但缺乏行动惯性的人，很难成就大事。理想开始萎缩，种种消极和不可能实现的想法随之衍生，甚至不敢有任何的理想，于是过着随遇而安，听天由命的平庸生活。这就是为何成功者只占少数的原因。

一个幽默大师曾经说过一句话："寒冷的冬天，我们最大的困难就是离开温暖的被窝走到冰冷的房间。"他说得不错，看似很简单的动作，但做起来却很困难。有时一个连锁的反应都会击败成大事的雄心。

大家都认为储蓄是一件好事，是一个不错的想法，轻而易举就能够做到。大部分人都有这种想法，但是只有很少一部分人做得到。我们来看一看一对年轻夫妇的储蓄经过。毕先生每个月的收入是1000美元，但是每个月的支出是1000美元，收支刚好相抵。夫妻俩都很想储蓄，但总会找一些理由使储蓄无法实现。他们不停地说了十几年："加薪以后马上开始存钱"、"下个月开始实行"、"从明天再正式开始实行"。

说这话一直说了好几年都没有去行动。他的太太不想再拖了，她对毕先生说："你好好想想看，到底要不要存钱。"他说："当然要呀！但是现在没有多余的钱存下来呀！"

这一次太太好像真下定决心要储蓄了。她接着说："这么多年来，就是因为没有多余的钱所以我们才存不下钱来。如果早几年就这样，现在不就有积蓄了吗？今天我看到一个广告，如果每个月存100元，15年以后就有1.8万元，另加6600元的利息。先存钱再花钱，比先花钱再存钱好得多了。如果你真想存蓄就把薪水的10%存起来，不管发生什么情况都不动用这一笔钱。"

他们第一个月的确过了一段苦日子，但是坚持一下就过去了，现在觉得花钱和存钱一样有乐趣。

如果一想到就去做，不要一拖再拖，那就会减少很多遗憾。今天的事情今天做，不要等到明天再做，因为明天有明天的事情要做。

梦想是成功的起跑线，行动则是起跑的枪声。听到枪声的时候就要立马行动。唯有全力以赴地行动和坚持到最后的决心，方能获得成功。

美好的愿望都是靠行动来实现的，如果不去行动，再美好的愿望也不过是一场"白日梦"。即便是一个很普通的愿望，不付出行动也会变成很难实现的愿望。要想成就一番大事业，想好了就要去行动，不要今天拖到明天，到最后一事无成。

成功并不要求你知道多少，关键是你做了多少。不管你现在决定做什么事情，选定了目标就一定要马上行动。成大事的人往往都是行动多于想法。

6. 果断决策，敢于行动

向往成功的人，不但要做到意志坚定，还要迅速把握机会，鼓起勇气立即行动。那些只敢想而不敢行动的人，注定会与成功失之交臂。

在创业或者成功的过程中或许会遇到种种的困难，但是，立志成大事的人不但不怕困难，而且还有始终向更艰巨的困难发起挑战的决心和勇气。成功是属于那些敢想敢干的人的。

说起王永庆或许大家都不陌生，他做事果断，只要是他认准的事情，就会想尽办法付出行动，不管是成功还是失败，他都想要去尝试一下，这就是成大事业者独有的本色——敢想敢行动。

20世纪50年代初，正是台湾经济恢复时期，是急需发展纺织、水泥、塑胶等工业的一个非常时期。王永庆决定投资塑胶业，这个决定一出来，就遭到人们的非议，甚至还有人说，连何义都觉得困难的事情他都敢做，他这是"贸然行动"、"不懂行情"、"不识时务"、"成不了大事"。王永庆面对这些非议，并没有停止行动，而是毅然按自己的计划来进行。

何义是当时化学工业方面的"领头羊"——"永丰"的老总，在这之前他曾经到国外考察过，看到国际市场塑胶业技术先进，而且竞争非常激烈。何义觉得自己在这方面没有必胜的把握，很难找到一个立足之地，便打了退堂鼓。

可是王永庆毅然顶住了巨大的压力，在1954年东挪西借筹集了50万美元，创办了台湾第一家塑胶公司，1957年的时候正式建成投产。

事情的发展比想象中还要糟糕，当台湾的塑胶生产出来的时候，大量的日货却滚滚而来，占据了台湾的市场。导致了台塑产品严重滞销、仓库爆满。股东们都心灰意冷，王永庆当时陷入了困境。面对这样的一个环境，他并没有灰心失望。他还大胆地认为台湾当时是国际烧碱的主要地之一，而在烧碱的过程中有70%的氯气都没有用武之地，都被废置无用，实在是很可惜，然而氯气是塑胶生产的主要原料，他目前只有原料廉价这一优势。

面对目前的境况，如果不想出一些其他方法来补救，就可能把自己陷入一个泥潭，甚至是越陷越深。经过几天的冥思苦想，功夫不负有心人，他终于找到了两个补救的办法。

一是采取"以毒攻毒"的策略。大幅度增加产量来压低成本和售价，从而获得压倒一切的竞争能力。他这样做又引起了股东们的强烈反对，于是他毅然买下了所有的股权，自己独资经营。

二是成立自己的加工厂——南亚塑胶厂，采取"一体化发展体系"。用低廉的原料自己来加工，拥有这一竞争优势，使得销售量大幅增加。

由于王永庆改变了策略，力求把台塑建成高效能、低消耗的企业，让塑胶公司起死回生。台塑的产品逐渐打开了销路，站稳了脚跟，继而跨进了"世界化工企业50强"的行列。

事实证明逆境并不可怕，只要在逆境中确定目标，敢想敢行动就会成功。

如果你处在一个受束缚的环境中，又缺乏勇气去摆脱它，久而久之，你就会变成只敢想而不敢行动的人。如果你能够积极、主动地行动，能够从一颗沙子中看见整个世界，从一朵云彩里看到整个天空，通过对主客观的分析和构想，就能够找到自己的优势和策略。

成功属于那些果断决策、敢于行动的人。敢想敢行动是成大事的关键。大凡向往成功的人都能够积极主动面对一切难关，并且能够迎难而上。

7. 实干才能脱颖而出

休谟说："正是劳动本身构成了你追求幸福的主要因素，任何不是靠辛勤努力而获得的享受，很快就会淡得枯燥无聊，索然无味。"

俗语说，"成事在人"。要想成就大事业，就必须要有实干的精神，采取积极主动的态度。采取什么样的态度做事，就会有相应的成就来报答你，你的态度决定你的高度。南宋的思想家和教育家朱熹，从小就立志想做一个像孔子一样的人。在他读书时，一天上午，老师有事外出，没有上课，学生们高兴极了，纷纷跑到院子里的沙堆上游戏、打闹。不大的天井里，欢声笑语，沸沸扬扬。这时候，老师从外面回来了。他站在门口，望着这群天真活泼的孩子们"造反"的情景，摇摇头。猛然，他发现只有朱熹一个人没有参加孩子们的打闹，他正坐在沙堆旁，聚精会神地用手指画着什么。先生慢慢地走到朱熹身边，发现他正在画八卦图呢！从此，先生对他另眼相看，很关注他。

朱熹是一个好学，实干的人。和同龄的人相比他懂得的知识最多。10岁的时候，他已经能够读懂《大学》、《中庸》、《孟子》、《论语》等儒家典籍了。孟子曾说："人人都可以成为尧舜那样的人。"当朱熹读到这句话时，高兴地跳了起来。他满怀雄心地说："是呀，圣人有什么可神秘的呢？只要肯实干，人人都能够成为像尧舜那样的圣人啊！"

高高在上的圣人其实并非可望不可即，他们之所以能够成为圣人，靠的是积极的行动和百折不挠的努力。治学之路就如同登山，唯有一步一步地攀登，才能一步步接近峰顶。"一览众山小"的圣人们的成功其实亦是靠勤奋和行动来实现的。《孔子世家》记载："孔子晚而喜《易》，序《象》、《系》、《象》、《说卦》、《文言》，读《惕》韦编三绝。曰：'假我数年，若是，我于《惕》则彬彬矣。'"孔子读《惕经》竟然能把编联简册的牛皮翻断三次，可见其勤奋和实干。不管你是一个凡人，还是一个圣人，"实干的精神"在你成为圣人的努力过程中，始终不可缺少。

踏踏实实做人，实实在在办事。任何一个双手插在口袋里的人，都爬不上成功的梯子。想爬上30层的高楼，而自己不肯去爬，只会站在楼下说要如何如何爬的人是永远也爬不上去的。

在爱因斯坦上小学的时候，有一次上动手制作课，老师要求每个人做一件小工艺品。课堂上，老师让学生们把自己制作的东西拿出来，一件一件地检查。当老师走到爱因斯坦面前时，他停住了，他拿起爱因斯坦制作的小板凳（那可不是一件成功的作品）问爱因斯坦："世上还有比这更坏的小板凳吗？"爱因斯坦以响亮的回答告诉老师说："有！"然后他又从自己的小桌里拿出了一只板凳，对老师说："这是我做的第一只。"一个并不手巧的人最后还是成了一个伟大的科学家。不巧的手，因勤奋实干而显得举足轻重。

一个人自身存在缺点并不可怕，可怕的是缺少勤奋的精神。自身之拙，可能会成为我们成功路上的障碍。但自身有缺陷的人在克服障碍后取得成功的事例很多。

太行、王屋二山那么大的困难也会被愚公移走成为平地。可见实干的精神对成功是至关重要的。只要肯积极行动，一点一点地克服，最终问题都会被克服的。如果我们始终不放弃理想，在实干踏实面前，再艰巨的任务都可以完成，再高的山也都会被"移走"。只有踏实勤劳，才能获得真正的成功。

要想成就一番事业，一定要积极实干，要有一个积极主动的心态。你的态度决定你的高度，你的高度源于你的行动。随时提醒自己用实干的精神去做事，因为实干积极，会让你很快脱颖而出。

8. 想法永远抵不过行动

只有行动才能决定价值。行动是建立在想法的基础之上的。有了好的想法不去付出行动，那就等于做"白日梦"。三个想法不如一个行动，可想而知行动对成大事的人是多么的至关重要。所以，我们从小就要养成一个积极行动的习惯，一个好的习惯对成大事是有百利而无一害的。

在成大事者的眼中，思想与行动同等重要。如果你每天都在想着做什么，而不付诸实际行动，那只能是空想，做"白日梦"永远都不可能成功。

德谟斯特斯是古希腊的雄辩家，有人曾经问他雄辩之术首先要做的是什么？

他说："行动。"

"第二点呢？"

"行动。"

"第三点呢？"

"仍然是行动。"

人有两种能力，思维能力和行动能力，没有达到自己的目标，往往不是因为思维能力，而是因为行动能力。

我们读过这样一则古文："蜀之鄙有二僧"。

在四川的偏远山区有两个和尚，其中一个很贫穷，一个很富有。

一天，穷和尚对富和尚说："我想到南海去，你看怎么样？"

富和尚说："你凭什么呢？"

穷和尚说："我有一个水瓶、一个饭钵就足够了。"

富和尚说："我多年来就想买船沿着长江而下，现在还没做到呢，你就凭这些去？"

第二年，穷和尚从南海归来，把去南海的事告诉富和尚，富和尚深感惭愧。

穷和尚与富和尚的故事说明一个简单的道理：

光说不动永远都达不到目的。

克雷洛夫说："现实是此岸，理想是彼岸，中间隔着湍急的河流，行动则是架在河上的桥梁。"行动才会产生结果。行动是成功的保证。任何伟大的目标，伟大的计划，最终必然落实到行动上才能得到实现。

拿破仑说："想得好，聪明，计划得好，更聪明，做得好，是最聪明。"成功开始于一个好的习惯，成功要有明确的目标，这都没有错，但这只相当于给你的赛车加满了油，弄清了前进的方向和线路，要抵达目的地，还得把车开动起来，并保持足够的动力。

你采取多大行动才会有多大的成功，而不是你知道多少，就会有多大的成功。不管你现在决定做什么事，不管你设定了多少目标，你一定要立刻行动。唯有行动才能使你成功。

现在做，马上就做，是每个成大事者必备的品质。

一篇字数很少却很经典的短文，人们用世界上主要的语种都把它翻译出来了。仅纽约中央车站就印了150万份，分送给路人。可见这篇文章是多么有影响力。

日俄战争的时候，每一个俄国士兵身上都带着这篇短文。日军从俄军俘虏身上发现了它，就把它当作是一件法宝，还把它译成日文，并且命令日本政府的每位公务员、军人和老百姓，都要读这篇短文。

在当时，《把信带给加西亚》的书曾经火爆一时，刚出炉的时候就印了上亿万份，在全世界广泛流传，乃至几十年过后，对有史以来的任何作者来说，都没有谁能打破这个纪录。

这篇短文的作者是埃伯特·胡巴德，文章最先出现在1899年的Philitinc杂志，后来被收录在戴尔·卡耐基的一本书中。

在一切有关古巴的事情里面，大家对一个人的印象是十分深刻的。当美西战争爆发后，美国必须立即和西班牙反抗军首领加西亚取得联系。加西亚在古巴丛林里——没有人知道具体的地点和联系方式，所以无法写信或打电话给他。但美国总统必须尽快和他取得联系。

怎么办呢？

有人对总统说："有一个名叫罗文的人，有办法找到加西亚，也只有他才找得到。"

于是他们把罗文找来，交给他一封写给加西亚的信。那个叫罗文的人拿了信，把它装进一个油质袋子里，封好挂在胸口，划着一艘小船，四天以后的一个夜里，在古巴上岸，消失于丛林中。接着在三个星期之后，他把那封信交给加西亚。

麦金利总统把一封写给加西亚的信交给罗文，而罗文接过信之后，没有问问题，没有条件，更没有抱怨，只有行动，积极、坚决的行动！

"只有行动赋予生命力量。"罗文为德谟斯特斯、克雷洛夫、拿破仑的话做了最好的注解。人是自己行为的总和，是行动最终体现了人的价值。

不管你是什么样的人，如果你拥有实干的精神，你都可能会脱颖而出，甚至流芳百世。

世界上最好的成功都是靠行动换来的，尽管有些人心急如焚，但是缺乏有效的行动，结果只能是"干着急"，常常只能眼睁睁地看着别人赢得先机。

每个人在生活中都有机会改变自己，但是只有极少数人能够抓住机会，实现自己的梦想。大多数人都与梦想擦肩而过，留下终身遗憾。美国有句谚语："通往成功的路上，处处是错失了的机会，坐待幸运从前门进来的人，往往忽略了从后窗进入的机会。"

我们每一个人都要有当机立断、说干就干的实践精神。很多人在机会面前犹豫不决，坐失良机。在机会面前关键要采取行动，立即行动机会才能成为现实，才能改变现状。成功是属于那些善于抓住机会并积极行动的人的。

9. 只说不做，机会不会眷顾你

机会是属于那些积极行动，勤奋踏实的人的，只会在原地等待的人会错失良机，不会等来机会。一注彩票都不买而祈祷中大奖的人是永远不会中大奖的。所以，成功不是等来的，而是创造出来的。

消极等待的习惯不仅会消减我们的锐气，还会让我们一事无成。一旦养成了这种习惯是没有任何好处的，所以绝不能让这种恶习控制我们，成为我们的附庸。应该随时提醒自己：一味地思考毫无意义——除非我们付诸行动。

有这样一个笑话：有个落魄的中年人每隔几天就到教堂去祈祷，而且他祈祷的内容几乎每次都差不多。

"上帝啊，请你念在我多年来敬畏你的份上，让我中一次彩票吧！阿门。"

几天后，他又垂头丧气地来到教堂，同样跪着祷告："上帝呀，你为何不让我中彩票？我愿意更谦恭地侍奉您！阿门。"

又过了一周，他再次出现在教堂，同样重复他的祈祷："我亲爱的上帝，你为何不垂听我的祈求？让我中彩票吧！只要一次，让我解决所有的困难，我愿意终身奉献，专心侍奉您。"

就在这个时候，圣坛上空传来一阵宏伟庄严的声音："我一直垂听你的祷告。可是，最起码，你也该先买一注彩票啊！"

生活中，许多人也像这个落魄的中年人一样，习惯于等待好事情的发生，却不为自己的梦想付出一点努力，到了最后，他们的梦想也只能是竹篮打水一场空。

曼迪出生在美国一个显赫的家庭。母亲是一位很有名气的大学教授，父亲是一位赫赫有名的整形医生，生活在这样显赫的家庭里，对小曼迪有很大的帮助和支持。她完全有机会去实现自己美好的梦想。

在她很小的时候就很羡慕电台那些主持人，所以从小到大就一直梦想当上电视节目主持人，她觉得自己有这方面的才干，这个愿望在读大学的时候比较强烈。其实，小曼迪在这方面也是比较适合的，她每当和别人相处时，即使是陌生人也都愿意亲近她，并且愿意和她畅谈。她知道怎样从人家嘴里"掏出自己的心里话"。他的朋友们都称她是他们的"亲密随身医生"。常常能听到她说"只要有人愿意给我一次上电视的机会，我相信我一定会成功"。

自身有这么优秀的条件，而不去努力，一味地等待电视主持人的头衔掉在自己的身上，是永远不可能的。她一味地等，却不去付出行动，这和不买彩票想中大奖的人没有什么区别。既然不去创造机会，那机会也不会平白无故来光顾你。

她在等待奇迹的出现，希望一下就能当上电视节目的主持人。这种奇迹当然永远也不会到来，因为在她等待奇迹到来的时候，别人已经抢先一步了。

只是想，而不行动的人，永远都达不到自己的目标，只会消减自己的自信。

第九章　求人不如求己，自己才是救世主

——改掉依赖他人的习惯

一个人做生意赔了本，到庙里求菩萨保佑，他正在拜菩萨时，来了一个人，他惊奇地发现这个人长得和菩萨一模一样，便问："你就是菩萨吗？""是的。"得到肯定答案后，商人更惊奇了："那你为什么要求自己呢？""求人不如求己！"商人顿有所悟。的确如"菩萨"所言，不管什么时候，自己才是最可靠的、最值得信赖的。

1. 自立才能自强

自立是走向成熟的第一步，自立也是走向成功的第一步。

从一个人的生活习惯中，就可以透析出，一个人到底有没有独立自主的习惯。任何一个人都要养成独立自主的习惯，因为独立自主是成大事者必备的习惯之一。

当一个生命呱呱坠地时，可能就已经习惯了父母的呵护与抚爱。当饥饿、寒冷、病痛、挫折时似乎都有人在为你遮风挡雨。但每个人都是要长大的，都要独自面对社会，在生活中能够独当一面。所以就要尽早地不依赖父母，养成独立的习惯。因为独立的习惯是走向成功的第一步。

一位美国的成功人士，谈了他怎样培养孩子独立习惯的一段经历。为了让16岁的儿子能够早日成才，他狠下心来把孩子送到一所十分有名但是离家很远的学校去念书。他的儿子每天都需要转三次公共汽车，换两次地铁，穿越纽约最豪华和最肮脏的两个街区，历时三个多小时。

为什么这位美国朋友放着离家近的学校不去，而冒那么大的风险，让孩子整天奔波上学呢？成功人士的答案：第一，要培养孩子独立自主的习惯；第二，希望孩子能够理解父母的苦心考上名牌的学校。

成功人士认为：在人生的旅途上，每个人都要经过这一关，都要穿越这样的危险地带，否则就难以在这错综复杂、险象环生的环境中生存下去。所以从小必须学会独立，长大了才能应付错综复杂的社会，以至于更早地融入社会，找到一个立足之地。

一位成功人士教育儿子说："人生之路是危险的，只能走一次路线，而每一步跨出去都是自己不曾熟悉的路，稍有一步不慎，你就可能会栽跟头，会影响你整个人生的行程。"所以，他在给儿子的信中着重写道："孩子，你渐渐会发现，当你真正独立的时候，会变得格外聪明，当你离开父母的时候，你才会知道父亲是对的。在你以后的生活中每走一步都要小心谨慎，而且独立去完成，爸爸相信你是成大事的人。"

欲成大事者就应该有一个独立自主的生活习惯，并且用这种习惯去面对世界，面对生活中的一切。也许，你会遇到一些问题：觉得社会太黑暗，抱怨人生道路险恶。尝尽世间的人情冷暖、势力以后，你就会变得孤单、冷酷。随之就是一堆堆的烦恼挥之不去。倘若你有一个独立的习惯你就会觉得这是很正常的事情，似乎都在自己的意料之中，也就不会去埋怨道路的坎坷，人心的险恶，一如既往地走下去。可想而知，独立对人是多么重要。

说起鲁迅先生大家都非常的熟悉。在鲁迅很小的时候，由于家庭贫寒和父亲的病情，使得还是孩子的他过早就承担了家庭的重任，他每天都在学堂和药店之间来回奔波。一次，由于上学迟到，受到老师严厉的批评，鲁迅于是就在自己的书桌上刻上了一个"早"字，这不仅仅是对自己的提醒，更是一个人生观的体现：自立、自强。

养成独立生活的习惯，是走向成功的第一步。在这个世界上，没有人会陪你一生一世，每个人都需要学会独立生活，独立面对社会。

一个娇生惯养、从来没有出过远门的孩子，要想迅速地成熟起来，最好的方法是让他远离父母，去过独立的生活。

一个婴儿，只有当他挣脱了双亲扶持的双手，自己一步一步地向前迈进，我们才会惊奇地叫道：宝宝会走了。

正如一位先生所说："若想让小鸟学会飞，就让它自己飞吧。"

每个人都可能有这样的经历，被一位朋友领着穿过几条不曾到过的小巷，去一个陌生的地方，第二次自己来时，竟然无法辨认上次走过的路线。只有按图索骥，走一路问一路，再来时你才能十分肯定地找到要找的目标——这就是独立的好处。

独立的境界是美妙的，独立的习惯却是需要自己去学习和培养的。独立的面对社会、面对自然、面对自己、面对生活。

独立的习惯是成大事者应该必备的条件之一。

一个独立的人，会坚守信仰、保持自我。只有这样，才能够在人生道路上不迷失方向，才能为人生涂上一道亮丽的色彩。

我们在工作和生活中要能够坚持自己的信仰，拒斥邪恶，保持自我真性情，"出淤泥而不染"，要有不沾世俗气的独立。

做人要独立，唯有如此，才能思想自由，不断探索；才能解放思想，富有创造性，而且能埋头钻研，上下求索，以追求真理为宗旨；才能促进学术的发展与进步；才能在将来成就一番事业。

在学习中，独立思考是非常重要的。只有这样才能走出"死读书"、"读死书"的圈子。在学问上有所见解、有所创新，才是我们生活中所要求的样子。

我们生在这个纷繁的世界里，不可能孤立存在，必然会与许许多多的人交往、合作。但这并不代表要放弃独立而随波逐流。在我们生活的环境中，社会的进步使人与人之间的关系出现了奇异的变化，每个人都充满了智慧，又都有一副适应自己人生经验的"如意算盘"。

养成独立自主的习惯，无论世界有多大的变化，你都能应付自如，强者生存，不适者淘汰。

2. 去除依赖心理，改掉依赖习惯

依赖心理就像一颗毒药，会腐蚀人们的心灵。无论在生活中还是在学习中，都不要养成事事依赖他人的习惯，一旦依赖的习惯时间久了，人就会变得懒惰，终究一无所成。

依赖别人是人们普遍存在的坏习惯。依赖性是很多人不能成大事的劣根性所在，这种习惯是把希望都寄托在别人身上，而自己不舍得出一点力气，这也是普通人和成大事者的主要区别。成大事者的习惯是依靠自己成就事业。

要实现心理独立，首先就得摆脱对他人的依赖。请注意，这里讲的是"依赖的需要"，而不是"与人交往"。一旦你觉得需要别人，你便成为一个脆弱的人，一个难以独立的人。就是说，如果你身边的人离开了你、变了心或死去，那么你必然会陷入无法自救、精神崩溃的绝地，可能也会到走投无路的地步。

现实告诫我们，不要在心理上依赖父母、老师、上级等各种各样的人。

你或许总是在等待某些人的安抚，如果你觉得必须根据某人的意愿做事情，而且有做了感到怨恨，不做又感到内疚的情绪，那么可以肯定地说，你已陷入误区，这时你要做的是想尽办法走出误区。

要想谋事业、求发展，命运一定要把握在自己手里。

小玲是一个农村到城里来打工的女孩，不到20岁的她身材高挑，虽然没有多少文化，但是在大城市里找一份服务员的工作还是不难。在小玲上班的第二个月，认识了来饭店就餐的小王，两人一见钟情后很快坠入了爱河。小王收入还不错，在市里有了自己的房子，小玲早就厌倦了服务员的工作，觉得男朋友能够养活她，于是把服务员的工作辞了，和小王住到了一起。从此，小玲就开始依赖男朋友，也不出去找工作，天天待在家里，不是看电视就是睡觉。两个人的生活费都是小王一个人支出的。短短的几个月，小玲就像变了一个人似的，变得好吃懒做，就连每天的家务活都要男朋友来做，但是小王连一句怨言都没有。就这样小玲变得处处都依靠男朋友了。

一次周末，两人出去游泳，男朋友不幸溺水身亡。男朋友过世不到一个周，小王的父母准备把房子收回去了，并要求小玲一周之内搬离儿子的房屋。小玲一下子失去了靠山，在举目无亲的陌生城市，没有朋友、没有工作，也没有积蓄，甚至连住的地方都没有。可想而知，以后的生活有多艰辛。毕竟好吃懒做的她，一下失去了全部的靠山，小玲为自己的依赖性、好吃懒做的习惯付出了代价。这实例就告诉了我们，任何时候都不要过度依赖他人，人永远靠的都是自己，如果连你自己都救不了自己，那没有人会救得了你。像小玲这样的人我想应该不少，她们别说成大事，连最基本的生活都无法维持。这就是人类依赖性最致命的弱点。

有一句话说得比较好，"靠山山倒，靠人人倒，唯有靠自己永远不会倒"。这句话告诉了人们，无论何时何地靠自己才是最重要的。也许你会说，我可以靠朋友，但是朋友能靠一辈子吗？朋友不是不能靠，他只是起到一个辅助的作用，重心还得靠自己来支撑。

一个想成就大事的人，不会依赖别人来帮他完成大业，而是利用一切靠山来辅助自己完成大业。要尽可能地利用靠山，而不是依赖靠山。

依赖别人会使人失去精神生活的独立自主性。依赖别人的人不能独立，缺乏创业的勇气，其肯定性较差，会陷入犹豫不决的困境，也就一直需要别人的鼓励和支持，借助别人的扶助和判断。

依赖者还会表现出剥削的性格倾向——好吃懒做，坐享其成。他们缺乏社会安全感，跟别人保持距离；他们需要别人提供意见，或依赖媒体的报道，经常受外界指使，自己好像没有判断能力；他们潜藏着脆弱，没有机智应变的能力。

生活的实质在于独立。人们最钦佩的，是那些敢于独立思考、独立行事的人。正因为这样，你要是独立了，别人就会尊重你，特别是那些拼命要支配你的人会更敬佩你。

3. 依靠自己，坚持己见

如果你想做一个成功的人，那你应该先做一个独立的人，首先你就应该对自己负责。独立的品性能够磨炼人的意志，使人变得更坚强。

养成一个独立的习惯，对一个人的事业、未来、人生都有极大的好处。所以，一个年轻人若想成就一番大事业，这是一个不可或缺的习惯。

从不同的角度来看，过于依赖别人，或轻易接受别人表面上的话，也是很危险的。李力在儿童时期，由于父母过分的溺爱，变成了一个十分依赖于父母的人。因为家里有钱、有地位，无论做什么事情，大多数事情都是家里出面来解决问题，家里人觉得这是出于对他的关爱。然而就因为父母百般的关爱，才养成了一个事事依赖别人的习惯。

李力说："如果那时候我是一个叛逆者，就不会像今天这样郁郁寡欢了。的确，孩子的成长大部分都源于父母的教育和影响。如果父母从小就培养孩子的独立性，培养孩子养成独立的习惯，更有利于孩子的成长。"

依靠别人来解决自己的问题，当然比自己亲自来解决问题容易得多，无论发生什么样的事情，有个人来商量，内心总是要踏实一些。别人如果愿意替你来完成任务，使你完全松懈下来，时间长了，你就容易滋生一种依赖因素，渐渐也就成为一个无法独立的弱者。

人最忌怕的就是自欺欺人，有这种习惯的人容易走极端。要把自己看作是一个独立的整体，要尽量用自己的才干和能力来完成自己的事情。要发挥自己相当的独立能力，但是也要善于听取他人的意见，听取他人的意见并不是依靠他人来完成自己的事情。

一位资深的学者曾经说过："如果你过分依赖别人，那你迟早会上当，因为你无法分辨别人的话对还是不对，也无法辨别他人的动作对自己究竟是有利还是有害。

如果你想成就大事业，那首先你要养成独立自主的习惯，这样遇到事情时自己才能独当一面。要学会为自己负责，如果你自己都不能对自己负责，那这个世界上就更没有人能对你负责。有一句话说："最大的敌人不是别人而是自己。"由此可见，独立自主是成功的关键。

我们生活在芸芸众生当中，遭遇逆境的时候，首先想到的应该是自己，而不是想到别人可以来帮你。所谓的想到自己并不是让你去单打独斗，也不是让你万事不求人，而是想告诉你，别人没有义务一定要帮你。

天助自助者，说的是这样一个道理：在社会生活中，每个人都是思想上的独立者。在学习中也应该有这种独立习惯，对自己负责。

在北大坚持己见、独立自主的人大有人在。在课上，某教授和某学生在一个学术问题上意见刚好相反，而且师徒两人互不相让。直到学期终了，这个问题还没有得到解决。不知道是教授有意为难还是选择得意之点，考题正好有那一道题，学生还是按自己的观点答题。教授也是按自己的观点来阅卷，于是判其错误，该学生还得补考。补考成绩按九折计算，所以补考的试卷上照样改了一条，上写："注意，67分及格。"补考之时教授为了不让步，还是出了那道题，但是学生还是坚持自己的观点。结果考试还是60分，还得再补考，教授还是出了原题，那学生还是考了60分，但是这次算及格了，问为什么？说是规定只说补考打九折，没有说补考的补考还得打九折，所以不打折扣了。这是典型北大解决学术问题的方法。

这些敢于向权威发起挑战的"独"行者们身上，闪烁着智慧的光环，他们能够保持自我的真风采，在人生的奋斗过程中不失本色，保持真我之品格，独立而又坚定。无论在什么时候我们都要保持独立的习惯。

4. 天助自助者，自主靠自己

　　学会做自己的主人，自己是唯一能够控制自己的人，做自己的主宰，你就是你，世界上不会有第二个你。

　　我们通常都会说："做自己的主人。"但到底怎么做，又困惑着许多人。成大事者都真正做了自己的主人。

　　只有独立的人，才会在面对困难时、充满恐惧时保持乐观自我的心态，才不会在年轻的时候白白浪费大好光阴而不去成就一番大事业。自我独立对于人的一生有着难以估量的作用，甚至可以说："人的一生，成功与失败，首先取决于是否实现了自我独立。"一个人的独立都是以品性独立为基础的。没有实现品性上的独立，成功便无从谈起。

　　那么，年轻人怎样才能实现真正意义上的品性独立，成为一个独立的人呢？

　　弗洛伊德认为人的性格在幼年的时候就已经定型了，而且会影响人的一生，以后改变的可能性是微乎其微。

　　弗兰克是犹太裔的一位心理学家，二战期间曾被关进纳粹集中营，遭遇极其悲惨。他的亲人都死于纳粹的魔掌，最后只剩下一个妹妹，是他唯一的亲人。他自己也受到严刑拷打，朝不保夕。

　　一天，他独自待在囚室，突然之间顿悟，产生了一种全新的感受——日后命名为"人类终极的自由"，当时他只知道这种自由是任何人无法剥夺的。从客观环境上看，他完全受制于人，但自我意识却是独立的，超脱于肉体束缚之外。换句话说，在刺激与反应之间，他发现自己还有选择如何反应的自由与能力。

　　凭着想象与记忆，他不断磨炼自己的意志，直到心灵的自由终于超越了纳粹的禁锢，他的这种超越感染了其他的囚犯，甚至狱卒。他协助狱友在困难中找到真正的意义，寻回自尊。

　　生活在最劣势的环境里，弗兰克运用难得的自我意识天赋，发掘了人性中最可贵的一面，那就是"人是自己的主人"。做你自己，你是自己的主人。你有自己的幻想、美梦、希望以及恐惧。成功胜利由你自己创造，失败挫折由你自己承担。

因为你是自己的主宰，所以你是什么样的人，你自己心里最清楚不过了，你应该深刻认识和了解你自己。由于你认识自己，所以，你要肯定你自己，接纳自己的一切。

人类有四种天赋。其中一种是自我意识、想象力，想象力能够超出现实之外，有良知、明辨是非和善恶；"独立意志"，能够不受外力影响，自行其是。正是人的"独立"从而使人胜过其他动物而主宰了世界。

弗兰克在狱中发现的人性典则，正是我们营造自治自立人生的首要准则。个人行为取决于人的本身，而不是外在环境。理智可以战胜情感。

学会做自己的主人，无论你现在是一个平庸的人，还是一个强者，你都有机会做一个成功的人。因为学会了做自己的主人，也就学会了成大事的条件，拥有独立自主的习惯独自撑起一片天。只有独立地思考、独立地生活，才能独立地承担痛苦和快乐，年轻人只有养成这个独立的习惯，才能成为一个品行、行动上独立的人，才能够成就一番大事。

5. 坚守信仰，"造就"自己

养成独立生活的习惯，是走向成功的第一步。一个独立的人，他会坚守信仰，保持自我。拥有与众不同的思路、方法，就会有不同的结果。

不管别人怎么说，你始终要相信自己。只有你自己才能拯救你自己，别人的意见只能作为你的参考。自己行还是不行，只有你自己最清楚。不要总活在别人的阴影下，要活在自己的世界里。

小时候，露西最大的梦想是成为一名有声望的艺术家。她最喜欢也最想从事的就是有关传媒的工作，她认为这是一种富有幻想和情趣的工作。

在她14岁的时候，父母为她和妹妹安娜报了同一个艺术学习班。学习结束时，指导老师对她们的妈妈说："露西似乎不太适合学习艺术类课程，她在这方面不是很有天赋。我倒觉得安娜在这方面很有天赋，她灵活、聪明，悟性又好，是学艺术的好苗子。"

露西听到了老师和妈妈的谈话后，心里感到非常失望，甚至对艺术产生了一种绝望的心理。但不久，她又找回了信心，老师说我不行我就不行吗？于是她将老师说的话牢牢记住，甚至变成了一种鞭策自己的动力，决心为自己的理想而奋斗。

多年后，露西的作品在展览会上展出，很多人赞不绝口，但在众多称赞中，她最想听到的就是当年说她不行的老师的赞扬。原来评价她没有天赋的老师，热情地握着她的手告诉她："这是我见过的最具想象力的钢笔画。"露西的脸上露出了笑容。

在人类所做的一切事情中都包含着努力，努力程度的衡量标准就是结果。天赋、智力、精神和物质财富都是努力的结果。它们是思想的完成，是理想的实现，是成就的取得，是梦想的结晶。

只有当你内心存在着目标，意识还在受自己支配时，才会明白你是谁，你要去哪里，你要做什么。因为，没有任何人比你更了解你自己，也没有人可以支配你的大脑，不要受他人的思想支配。要记住，在这个世界上，人永远都只能靠自己。

独立生活是成大事者典型的特征，想要成就一番大事业，就要先养成独立的习惯。

6. 做事有主见，做人有远见

世界上最可怜的人并不是那些做错事的人，而是那些遇事举棋不定，没有主见，不敢做出选择的人。这种人无论做什么事情都不会自己拿主意，总是一味地问朋友或他人："我这样做可不可以？""下一步我怎么去做呢？"。一味地依赖别人的这种人，很难成就一番大事业。

在现实生活中，有很大一部分人不会把独立当作一种习惯来对待，也不会去注视它，就觉得碰到事情的时候有权利去选择，只是有时候很难做出决定而已。事实上，越是小毛病越应该重视，倘若天天都这样做事犹豫不决，时间长了就会养成不好的习惯，不好的习惯是成就大事的绊脚石，可能会导致一事无成。

只要是自己认定的事情，就要排除万难，迅速行动。如果犹豫不决，就要为之付出代价。

在王安博士很小的时候，一天他在外面玩耍，突然一个鸟巢被风从树上吹落在地，里面还有一只嗷嗷待哺的小麻雀。他想把它带回家喂养，当他把小麻雀带到家门口的时候，忽然想起妈妈不允许在家里养小动物。于是，他轻轻地把小麻雀放在门口，急忙走进屋去请求妈妈。在他的哀求下，妈妈终于破例答应了。他兴奋地跑到门口，看见一只黑猫正在意犹未尽地舔着嘴巴，小麻雀却不见了。他为此伤心了很久。但从那以后，他记住了一个教训：只要是自己认为是对的事情，就要排除万难，迅速行动，不然就会后悔，为此付出代价。

大部分人都会有因为逃避某些困难的决定而感到懊恼的时候，但是这与犹豫不决很难做出最后决定是完全不同的。一个是逃避问题不去选择，另一个则是，对任何事情都犹豫不决，很难做出决定。做不出决定的原因大抵可以分为以下四种情况。

一是抱着多做多错，少做少错，不做不错的心态，因此内心极为矛盾，最后还是决定到时候再说。现在都很难做出决定，到时候你就会更好地做出选择吗？那也不一定。也许只是在给自己的犹豫不决找个合理的理由。

二是坚信经过深思熟虑之后必有佳作，因此总会习惯地去收集资讯，直到觉得有足够的资讯来做一个最佳的决定为止。可惜的是，知识是来源于积累，不是一朝一夕就能积累好的，想一口就吃成一个胖子是不可能的。

三是觉得在最好的时机出手是最好的，因此尽管已经有了很好的想法，却不愿做出决定，一定还要再想出更好的方案出来才行。当你有了更好方案的时候，别人已经抢占先机了，最后你就去后悔吧。

四是必须在同一时间之内，完成多项决策，希望面面俱到的结果，反倒是连一个决定都做不出来或者是极容易做出错误的决定。

你经过深思熟虑之后所做的决定，最后却发现不是最好的，甚至是错误的，那么，可能是你的思维有问题，或者是自身能力不足。塞翁失马，焉知非福，难道不是吗？虽然说做决定的时机很重要，但是如果执意要等到最好的时机才做每一个决定的话，那么我们可能会一个决定都做不出来！根本没有人知道，什么时候才是真正最好的时机，只有你做出的决定取得一定的成绩，才证明做出决定的时候就是最好的时机。

错失时机把事情耽误了比做出错误的决定往往还要糟糕，还要让人后悔。

爱迪生在发明灯泡的时候，就是历经一次又一次地尝试之后才成功，而每一次发现错误的时候，他就会马上调整步伐，改变方法，最后终于将电灯发明出来了。如果他一味地等待一个合适的时机，那么恐怕到现在我们也无法见到电灯泡。

如果真的决定了，就有两种可能，一种是遭遇失败，一种是获得成功，不过，如果一直犹豫不决，那么你就永远都不会有成功的机会。成大事的人是不会把时间用在犹豫不决上的，因为他明白其中的道理。

曾经有人说过："世界上最可怜又最可恨的人，莫过于那些瞻前顾后、前怕狼后怕虎的人，莫过于那些不敢面对失败、犹豫不决的人，莫过于那些无法承担压力、优柔寡断的人，莫过于那些头重脚轻、没有主见的人，莫过于那些拈轻怕重、不思进取的人。"

如果你做事总是瞻前顾后，前怕狼后怕虎，那你永远也不会做出明智的选择。如果你什么事情都拿不定主意，都要去寻求别人告诉自己该怎么去做，那么属于你的只有永远的失败，如果你连决定小事的能力都没有，那你就不是做领导者的料。

7. 独立是一种考验，成绩是一种检验

人最大的敌人不是别人，而是自己本身。一个人想要成功，只有先战胜自己，才能战胜别人，如果一个人连自己都战胜不了，那同样也战胜不了别人。

人在任何时候都只有靠自己，永远靠别人是成不了大事的。要记住最大的敌人是自己。

做人要独立，唯有如此，才能思想自由，不断探索；才能解放思想，富有创造性，而且能埋头钻研，上下求索，以追求真理为宗旨；才能促进自己的发展与进步；才能在将来成就一番事业。

曾经有一个小青年，刚到一家公司时，公司的经理分配他去做一些售后的工作。没过多久，这个小青年总是请假，经理感觉很不对劲，想是不是在外面出现了什么问题，还是经常在外面跑太累了。

于是，经理带着疑惑来到这个小青年的家。想看看他这段时间到底在做什么。当他来到小青年家的时候，结果他发现小青年在家里什么事情也没有做。经理就问青年在家没有什么事情，你请假是为什么？小青年说："别人每天都坐在办公室里，而我一直在外面跑，并且好像也没有什么收获，与其这样，还不如待在家里为公司省些资金呢。"

经理一听就明白了，微微一笑说："昨天夜里下了一场雨，你随我到外面的路上走走、看看吧。"

于是他们一起来到了路边，由于刚下过雨，路面泥泞不堪。

经理看着青年说："你是愿意做一天和尚撞一天钟，还是想做一个能够脱颖而出的员工呢？"

青年说："我当然希望能做一名出色的员工了。"

经理一笑，说道："你昨天是否在这条路上走过？"青年说："当然走过了，这是常走的路。"经理问："那你能找到自己的脚印吗？"

青年十分不解地说："昨天这路又平又硬，我怎么能找到自己的脚印呢？"

经理笑笑又说："现在我俩在这路上走一走，你是否能找到你的脚印呢？"

青年说："这还用说吗？当然能找到了。"

经理听了，微笑着拍拍青年的肩说："泥泞的路才能留下脚印，世上的任何事物都是如此啊。那些一生碌碌无为的人，不会经历什么风风雨雨，生活没有起也没有伏，就像一双脚踩在又平又硬的大路上，走过了，什么也没有留下。相反，那些经历了风雨和艰难的人，他们在苦难中跋涉不停，就像一双脚行走在泥泞里，尽管他们已经走得很远了，但脚印却印证着他们行走的价值。"青年听后，惭愧地低下了头。

没有经历风雨就不会见到彩虹，没有品尝过痛苦的滋味，就不会享受到幸福的甜蜜。选择泥泞的路才能留下脚印，总想在一片坦途上行走的人，终究不会有什么大的收获。如果你什么都不想去尝试，就想做出一番大事业，那是不可能的事情。不经一番寒彻骨，难得梅花扑鼻香。

8. 靠自己立身

人生的路靠自己走，但一个人走自己的路要靠刻苦和毅力这两条腿。勤奋就是天才，有志者事竟成，但在现实生活中，许多人却轻易不肯这样做。原因是害怕失败，或是难以确定奋斗的目标。这其实都是心理上的一些误区，就是认为自己的努力会白费，于是这些人白白浪费了许多时间而一事无成。

人生之路，要靠自己的勇气和毅力去追求成功。凡事依赖他人者，永远都不可能自立。陶行知先生曾写过一首《自立人生歌》，歌中写道：

滴自己的汗，吃自己的饭，自己的事情自己干，靠人、靠天、靠祖上，不算是好汉。要做一个好汉，要靠自己的双脚走出一条人生之路，要靠自己的双手创造出美好的新生活，千万不要谋求他人来为自己造福。

有一则寓言故事：一天，一个淘气的小男孩爬到养鸡场附近的一座山上去，发现了一个鹰巢。他从巢里拿了一只鹰蛋，带回养鸡场，把鹰蛋和鸡蛋混在一起，让一只母鸡来孵。孵出来的小鸡群里有了一只小鹰。小鹰和小鸡一起长大，因而不知道自己能飞。起初它很满足，过着像鸡一样的生活。

但是，当它逐渐长大的时候，它内心里有一种奇特不安的感觉。它不时地想："我不是一只鸡！"但它只是想想并没有向鹰一样去飞。直到有一天，一只了不起的老鹰翱翔在养鸡场的上空，小鹰感觉到自己的双翼有一股神奇的力量，感觉胸腔里心脏在猛烈地跳着。

它抬头看着老鹰的时候，一种想法突然在脑海里浮动："我和老鹰一样。

养鸡场不是我待的地方。我要飞上蓝天，栖息在山岩之上。"

它从来没有飞过，但它的内心里有着那样的力量和天性。它展开了双翅，它第一次飞到了一座矮山顶上。极度兴奋之下，它又飞到更高的山顶上，最后冲上了蓝天。于是它发现了自己的伟大。

其实，很多人潜意识里都有做一只鹰的渴望，只是长期活在鸡群中而消磨了这种意志，千万不要养成听从别人决定的习惯，因为你的人生应该由自己来做主。

立身，在人生风雨中要有坚定性。靠己立身之所以不易，还因为它常常受到外界风风雨雨的袭击。在风雨中不飘忽、不动摇，且能站稳脚跟的人才能立身。

9. 路要靠自己走

一个人活在世上，不应该依赖别人，自己也有双肩，为什么不主动挑起自己的担子而要去依赖别人生存？任何人都没有权利去"乞讨"，任何人也没有义务去"施舍"。

依赖别人就意味着命运掌握在别人的手中。人生的路要靠自己义无反顾地走下去，所以不要事事都依赖别人，要亲自动手去做。

彭辉是一名优秀的学生，从小学到高中毕业，学习成绩一直名列前茅。每次考试完之后，他总是问老师"这次谁考了第二名？"因为他知道每次第一名都是自己。然而，这样的一个高智能的学生竟然是一个低能儿。

从小学到中学毕业的12年，由于他学习成绩好，深得学校老师的称赞和父母的喜欢。特别是他的母亲为了使他集中精力读书，成一个有出息的人，家里的大事小事从来不让他插手。

在家点点滴滴的小事都是父母为他打理，都上高中了，连最起码的洗衣、做饭、刷碗都不会干，甚至连床铺都是父母为他打理。每次吃饭都是母亲把饭菜端到桌上，他过着衣来伸手，饭来张口的生活。

彭辉参加高考，以全县第一名、全省第三名的成绩，考入了全国重点名校——北京大学。这一振奋人心的消息，给彭家人带来了前所未有的欢乐，亲朋好友都投来了羡慕的目光，周围的人都夸他聪明。

同年的9月，彭辉怀着无比激动的心情来到了首都，跨进了令人向往的北京大学，实现了当一名大学生的理想。当开始大学生活不久，由于没有起码的生活能力，自己不知道怎样打饭、不会洗衣服，他为不能独立生活而感到苦恼。尽管同学们都给了他应有的帮助，但还是解决不了他的实际生活问题。在这种情况下，他只好向校方申请休学。学校根据他入学后的实际情况，批准了他的申请。

在第二年开学时，学校给他寄了复学通知书。但是谁也没有料到，接到复学通知书的彭辉，居然在惧怕离开父母后没有依靠，生活不能自理的思想驱使下，纵身从五楼跳了下去，过早地结束了自己的性命。

有一位学术界知名的学者曾告诫青年学生们说：如果过分地依赖别人，就会容易上当，因为你不知道别人的话可信还是不可信，而对于别人的动机你也茫然不知。

如果你要做一个成功的人，那首先应该做个独立自主的人，要学会为自己负责。

当你陷入困境遭遇孤独的时候，如果只知道去抱怨社会的冷漠，他人的无情，这只能说明你对外界的依赖性太强，你太脆弱。

依赖别人的习惯，是阻碍成功的绊脚石，要想做成大事，首先必须抛弃这种陋习，学会独立面对，为自己负责。如果改不了这种习惯，就永远都不会做出一番惊天动地的大事业。

第十章　随时提醒自己，避免犯同样的错误

——改掉不善于反省的习惯

生活中的困难、诱惑不计其数，能否克服困难、经得住诱惑，关键要看自己的定力足不足。养成随时自我反省的好习惯，无论在生活中还是在学习中，对我们都会有很大的帮助。

1．控制坏情绪，保持好心情

愤怒的情绪是人性的一大弊端，每个人都避免不了发怒，这是一种心理病毒，比其他身体疾病更加厉害，甚至能摧毁人的一生。有所成就的人，都能意识到这一点。所以，养成控制情绪的好习惯，保持好心情，这样才会获得成功、拥有幸福。

一个不能控制自己的人，往往情绪激动，指手画脚，把原本能办成的事情搞砸。这是做人做事的大忌。

很多人都有动不动就发怒的习惯，虽然他们意识到这是一种不好的习惯，但当遇到一些看不惯的事情时，还是忍不住大发雷霆，控制不了自己的情绪。这时不满的情绪就会如火山爆发一样祸害到他人。

不良的情绪发泄完之后，也许就会听到有人说："我太冲动了，本来不该发怒的，但就是控制不住自己。"这种说法明显是在掩饰自己发怒的坏习惯，自己都意识到这种不良的情绪是可以阻止的，但就是没有控制情绪的好习惯。所以，我们要养成控制情绪的习惯，想发怒的时候进行自我暗示。坚持做到这一点，时间久了，即使你遇到令你很看不惯的事情，你也不会发怒。

愤怒有两面性，一种是你看到令人生气的事情后做出的选择，另一种则是一种习惯表现。事实上，无端愤怒是一种精神错乱，每每无法控制自己情绪的时候，便显得有些情绪混乱。以此类推，当你气得失去理智时，便暂时处于精神错乱状态。可想而知，无端地愤怒对人的身心损害有多大！所以养成控制情绪的好习惯是至关重要的。

同其他所有情感一样，发怒是大脑思维产生的一种反应，它不会无缘无故地产生，人也不会无端地发怒。当遇到与主观不合的或者是让人无法接受和面对的事情时，会本能地告诉自己：事情不应该这样或那样，于是沮丧、灰心便油然而生。之后，便会作出愤怒的反应，因为在发怒的你会认为这样能够解决问题。在这种情况下，便把发怒当成了一种本能的习惯，认为它是人的本性之一，是理所当然的。一旦这种想法产生了，动辄发怒的坏习惯就随之养成了。而它将会成为你迈向成功的绊脚石。

大凡有作为的人是不会被愤怒情绪所控制的。历史上有好多这样的例子。三国时期，关云长失守荆州，败走麦城被杀，此事激怒刘备，遂起兵攻打东吴，众臣苦谏都无济于事，实在是因小失大。正如赵云所说："国贼是曹操，非孙权也。宜先灭魏，则吴自服，操身虽毙，子丕篡汉，当图中原……不应置魏，先与吴战。兵势上交，不得卒解也。"诸葛亮也上表谏曰："臣亮等切以吴贼逞奸诡之计，致荆州有覆亡之祸；陨将星于斗牛，折天柱于楚地，此情哀痛，诚不可忘。但念迁汉鼎者，罪由曹操；移刘祚者，过非孙权。窃谓魏贼若除，则吴自宾服。陛下纳秦宓金石之言，以养士卒之力，别作良图。则社稷幸甚！天下幸甚！"可是刘备看完后，把表掷于地上，说："朕意已决，无得再议。"执意起大军东征，最终导致兵败，自己也因此丢了性命。

从这件事中就可看出，在关键时候要控制好自己的情绪。不要让情绪做你的主人，也不要让情绪左右你。不然就会为此付出代价。

只要能改正愤怒的恶习，控制情绪的好习惯便会自然生成。那么，怎样消除愤怒这一恶习呢？下面列举了两种方法可供参考。

第一，了解愤怒的来源，巧妙化解。

如果你心中的愤怒无法停息，可以用把损失降到最低的方式来发泄。不妨试试在生气时换一种新的思维支配自己，并在心里默默地念："生气是拿别人的错误来惩罚自己，我为什么要作践自己呢？"这时候你就会发觉自己发怒的情绪降低了。是别人的错而不是你的问题造成错误的，没有必要伤自己的身体。

第二，换位思考做比较，分清利害关系。

每当以愤怒的形式来表明自己的态度时，为什么不多一份宽容呢？那个时候也要想想自己也不是十全十美的，也有犯错误的时候，那别人会怎样对待自己呢？是否也像自己一样大发雷霆呢？如果真是这样，这个世界岂不是要变成世界末日了。别人的所作所为不可能完全符合自己的标准，也不会事事按照自己的愿望进行。因此，自己那美好的愿望则永远不会实现。

常常因自己看不惯的人或事动怒，其实是回避现实的一种表现，是自己也很无奈，靠发泄情绪来达到心理平衡，这种表现往往会使自己不知不觉陷入发怒的误区。其实，完全没有必要这样做。因为别人有权按自己的方式来说话、行事，别人根本就不知道你对此事的态度和看法，也不可能按照你的要求来行事，因为这世界上没有性格、习惯完全相同的两个人。只要你能想到这里，愤怒的情绪自然就会烟消云散。

针对别人的言行，你或许不喜欢、看不惯，但决不要发怒。发怒会让别人看笑话，甚至会引起心理上的疾病。当遇到令自己生气的事情时，完全可以做出选择来控制自己的情绪，久而久之就能养成控制情绪的好习惯了，以一颗平常心来对待，不仅可以培养不易发怒的好习惯，还可以保持怡然自得的好心情。

所以，为了避免发怒这一误区，首先要以一种平常心态来对待；其次，以新的思维方式让自己保持心情愉快；最后，把犯错的人当作是自己，决定要不要发怒。总而言之，就是从多方位来考虑问题，实施换位思考，努力控制好自己的情绪，争做情绪的主人。让自己来控制情绪而不是让情绪控制自己。

许许多多的人对生活的态度严格得近乎死板，这是一种相当糟糕的态度。只要观察一下周围那些精神抖擞、微笑挂脸上的人，就会发现，他们最为明显的特点就是幽默。幽默的言语也可以消除愤怒。

幽默，实在具有神奇的魅力，可以为懒惰者带来活力，可以为勤奋者驱散疲惫，可以为孤僻者增添情趣，可以使欢乐者更愉悦，还可以使你把愤怒的情绪降到最低。

巴尔扎克一生写了无数作品，却常常手头拮据，穷困潦倒。一天夜晚，他正在睡觉，有个小偷摸进他的房间，在他的书桌里乱翻。巴尔扎克惊醒了，但他并没有喊叫，而是悄悄地爬起来，点亮了灯，平静地微笑着说："亲爱的，别翻了。我白天都不能在书桌里找到钱，现在天黑了，你就更别想找到啦！"小偷听后便自觉地离开了。这就是幽默的魅力所在。

每个人都应该养成控制情绪的好习惯，学会做情绪的主人，提高自己控制愤怒情绪的能力。做到这点你就会拥有一个好心情，做起事情来就会感到轻松愉快。

2. 谦虚一点点，进步一大截

古云："谦虚使人进步，骄傲使人落后。"它告诉人们一个道理，那就是做人要低调，要养成谦虚的好习惯，这是做事最基本的原则。"满招损，谦受益。"说的是谦虚的好处。

一个骄傲自大的人，其事业也不会有多成功，甚至会停止不前。其见识、经验、阅历等都会受到限制，这样的人在生活中、事业上必定会吃大亏，不会有什么大作为，不会成就一番大事业的。而那些谦虚谨慎的人，不但能倾听他人的建议，还能虚心向他人请教，这样的人容易进步，有更好的领悟能力，更容易取得事业上的成功。

俄国作家列夫·托尔斯泰说："一个人就好像是一个分数，他的实际才能好比分子，而他对自己的估价好比分母，分母越大，分数值越小。"这个观点完全可以证明谦虚的重要性，可见谦虚谨慎对想成就大事的人是多么的重要。

人不是十全十美的，人无完人。一个人无论地位有多么显赫，知识有多么渊博，都有不足之处。虽然在某一特定领域里取得了显著的成就，但跨越这一领域，就变成了门外汉。如果想获得其他领域的有关知识，还得虚心向别人请教。由此看来，养成谦虚的好习惯对人成长是有很大帮助的，养成了这个习惯才能完善个人修养、提高自身能力，从而创造出更辉煌的业绩。谦虚的力量是巨大的，它可以赐予人们智慧，可以帮助人们摆脱困境，可以帮助人们搞好人际关系，但前提是要看人们是否具备谦虚谨慎的好习惯。只有在好习惯的指引下，谦虚的作用才能发挥得淋漓尽致。

谦虚并不意味着低贱，并不是告诉人们见了谁都要像古代茶馆里的"茶博士"那样点头哈腰、满脸堆笑。与别人见面后，主动跟对方打招呼，一副生怕得罪人的模样。谦虚的人，最重要的是尊重自己，与人相处时，只要做到不傲慢自大就可以了。

谦虚的人懂得尊重他人，当然这是有限度的，并不是见了谁都把对方当神灵来供奉，对别人的意见、看法也不须完全言听计从，只要懂得以礼待人、宽容忍让就可以了。

做人应该既不失礼于人，也不卑躬屈膝。既要自尊自重，又不可傲慢无礼；既不可心无定性，主动向他人献殷勤，也不要矜持傲慢，等别人主动和你打招呼。

谦虚谨慎是做人的基本原则。做事先做人，如果人都做不好，又何谈做事？所以，人们要养成谦虚的好习惯，这样不但完善了做人的基本原则，做起事来也比较容易成功。

谦虚乃是中华民族的传统美德。因为谦虚能创造出和谐美好的社会，谦虚能使人与人之间多许多"人情味儿"，能使社会文化得到充盈。总之，谦虚对人的作用是无法衡量的，对人的生存发展有百利而无一害，所以我们要养成谦虚的好习惯。

3. 经常自我反省，时刻保持清醒

每个人都有说错话、做错事的时候，毕竟人无完人。但是要知道对自己的所作所为进行反省，反省自己是改正错误的原动力。

不会反省的人永远不知道自己错在什么地方，也不会知道如何去改进，不会经常自我反省的人也无从进步，永远都是原地踏步走。

因此，要把反省当成一种习惯来培养，一旦养成了这种习惯，你就会发觉自己每天都在进步，与成功也拉近了距离。

反省是自我认识水平进步的动力，反省是对自我言行进行客观的评价。著名作家李奥·巴斯卡力，写了大量关于爱与人际关系方面的书籍，对人们的生活起到了鼓舞的作用。他有今天惊人的成绩，据说完全得益于小时候父亲对他的教育。每次吃完饭以后，父亲就会问他："李奥，你今天都学了些什么？"这时李奥就会把在学校学到的东西一五一十地告诉父亲。有时候在学校偶尔学到的也是以前学过的知识，他就会从百科全书学一点东西，然后再向父亲汇报所学到的知识，父亲赞同后才上床睡觉。这个习惯一直维持到今天，每天晚上他会拿10年前父亲问他的那句话来问自己，如果今天什么也没学到，他就会在心里默默地告诫自己不学到一点东西绝不睡觉。这个习惯一直激励他不断地吸取新的知识，日积月累便产生新的思想，促使他不断进步，以至于写出大量鼓舞人们思想的书籍。

人为什么要经常自我反省？因为时时自我反省，才会逐渐变得完善。人不是十全十美的，总会有性格上的缺陷、智慧上的不足。年轻人由于缺乏社会历练，常常会说错话、做错事，犯一些低级的错误。

反省的目的在于建立一种自我监督的内在反馈机制。通过这种机制，人们可以及时知晓自己的不足，及时纠正不当的人生态度。良好的反省机制是自我心灵中的一种"自动清洁系统"或"自动纠偏系统"。反省是砥砺自我人品的最好磨石，它能使人的想象力更敏锐，使你能够真正认识自我。

曾子云：吾日三省吾身。这是圣贤的修身功夫，凡人不易做得到，但时时提醒自己，审视自己的言行却不是太难办到的事。一个人有了不当的意念，或做了见不得人的事，可能瞒过任何人，但绝对骗不了自己。人之所以会做对不起别人的事，不单是外界的诱惑太大，更多的原因是自己的欲望太强烈，理智屈就于本能冲动。一个常做自我反省的人，不仅能增强自己的理智感，而且必定知道什么是该做的，什么是不该做的。

时下，许多行业都很注重培养员工反省自己的习惯，以增强行业的凝聚力和工作效率。西方一家企业在一天工作结束时，抽出下班前的10分钟，让员工集合起来一起做一次"晚祷"，由老板领头朗诵下面几句话：我今天8小时的工作，是否有偷懒的行为。我今天的工作是否有任何缺点？我对今天的工作是否尽了全力？我今天是否说过不当的话？我今天是否做过损害别人的事？

这种方式对于某些人来说过于迂腐了些，但其坚持不懈的精神值得借鉴。反省的方式灵活多变，养成习惯，自我反省随时随地都可以进行。建立自我反省机制是为自身不足作一个检讨，以达到提升自我、健全自我和改善自我的目的。我们要从以下几方面认识反省、看待反省：

首先，学会正视人性的弱点，认识自我反省的必要性。毋庸置疑，人的通病都是"长于责人，拙于责己"或以"自我为中心"。反省要求的是"反求诸己"，而不是找他人的不足。反省是一面心镜，通过它可以洞观自己的心灵。

人本身就如同眼睛一样可以尽情地看外面的世界，但是却无法看到自己。反省机制的建立将彻底改变这一局限。反省难就难在个人的意愿上，关键看你愿不愿意去审查自身缺陷，有没有勇气去洗刷它。

其次，反省是认识自我、发展自我、完善自我和实现自我价值的最佳方法。成功学专家罗宾认为：我们不妨在每天结束时好好问问自己以下几个问题：今天我到底学到些什么？我有什么样的改进？我是否对所做的一切感到满意？如果你每天都能改进自己的能力并且过得很快乐，必然能够获得意想不到的收获。真诚地面对这些问题就是反省，其目的就是要不断地突破自我局限，省察自己，开创成功的人生。

再次，反省的内容就是时时扪心自问，检查自己的言行是否正确。每天进行"心灵盘点"，有益于及时知道自己近期的得与失，思考今后改进的策略。

最后，反省的立足点和取向主要是针对自己，省悟自身的不足。这不仅是不断完善自身素质的手法，而且是融洽人际关系的法宝。比如，"念自己有几分不是，则内心自然气平；肯说自己一个不是，则人之气亦平"，"自知其短，乃进德之基"，"先问自己付出多少，再问人家给了多少"等等，都是很好的反省方法。若我们能时时这样去反省自己，就能心平气和地待人处世，就能广结善缘，力求进取，开创辉煌的人生。

在茫茫的人生旅途跋涉，人们必须养成自我反省的好习惯。"吾日三省吾身"，时时叮嘱自己："一路走好，每天进步一点点。"只有这样，我们的生活才会更加充实，人生才会更完善。

4. 持之以恒，不轻言放弃

有人说过："千万人的失败，都失败在做事不彻底上。往往做到离成功还差一步时，便放弃了。"这句话确实精辟入微，实际生活中，那些平庸者就是缺乏持之以恒的毅力，才会半途而废，被成功抛在脑后。所以，人们要克己自律，严格地要求自己，不到最后关头绝不放弃。

俗语说："只要功夫深，铁杵磨成针。"只要有坚持不懈、持之以恒的态度，面对困难不轻言放弃，再大的困难也能迎刃而解。倘若做事半途而废、畏首畏尾，遇到困难逃之夭夭，再容易的事也不会成功。

实际上，并不是做任何事情都困难重重，有时候只要稍微坚持一下问题就可以解决的。遇到一些小磨难，只要人们具备顽强的毅力、百折不挠的精神、足够的耐性困难是可以轻松解决的。所以，无论在我们的生活中，还是学习中都要养成不轻言放弃的习惯。

一些人之所以能取得成功，并非上天的厚爱，也非机缘巧合，而是日积月累自我反省的结果，千万不要心存侥幸，否则，机缘、幸福、成功将与你擦肩而过。

"冰冻三尺非一日之寒"，告诉了我们培养持之以恒的好习惯，不是靠一朝一夕就能养成的，需要长年累月的积累。一日曝之，十日寒之，十日所辍无常，不但不会养成持之以恒的好习惯，反而成功也会在身边悄然溜走，离你越来越远。

许多人总是痴痴地等着天上掉馅饼，或者幻想着一夜成名、一夜暴富。存在这种侥幸心理的人，于是忘记了持之以恒的训诫，疯狂地去做一些不切实际的事情。有的变卖所有家产，去投资股票；有的东拼西借去做"大生意"；更有甚者用辛苦积攒的血汗钱购买一箱彩票。这些人的结果便可想而知了，并没有被天上掉下来的馅饼砸到，更没有一夜暴富的。要知道，天下没有免费的午餐，要想过幸福、富裕的日子，就必须踏踏实实去拼搏、去努力。

俗语说得好：滴水穿石。持之以恒的乌龟能快过灵巧敏捷的野兔。举个简单的例子，如果一个人每天积攒一角钱，天天坚持存储，多年下来同样是一笔可观的财富，一滴一滴的水最终也能把坚硬的石头穿破。正如布尔沃所说的："恒心与忍耐力是征服者的灵魂，它是人类反抗命运、个人反抗世界、灵魂反抗物质的最有力支持，它也是福音书的精髓。"

爱迪生一生的发明多达1000多种，他之所以能取得如此成就，与他持之以恒的习惯有很大关系。他曾经也失败过1000多次，但是他都没有轻言放弃。他曾说："我从来不做投机取巧的事情。我的发明除了照相术，没有一项是因为幸运之神光顾我才成功的，完全都归结于我的努力和不轻言放弃的态度。"一个人无论做什么，只要下定了决心，知道该何去何从，就会朝着自己定的目标勇往直前，坚持不懈地努力，最终到达理想的彼岸。

从爱迪生活生生的事例中，可以得出一个结论：只有坚持不懈、持之以恒的态度，加上不轻言放弃的习惯方能获得成功。

人生旅途中，人们会经历种种磨难，有的可能会被人们遗忘，而有些挫折可能给人们留下永生难忘的印象，甚至会给人们造成沉重的心理负担，成为终生难忘的痛。但是，无论如何我们也不能沉浸在悲痛之中，永远消沉下去，要将其淡化，将注意力转移到其他事情上，为了目标的实现，继续努力奋斗，养成持之以恒的好习惯。

5. 正视挫折困难，看到实物的优点

抱怨是成功的天然克星，成功最忌讳的就是埋怨。碰到任何不顺心、不如意的事情，不要总是一味地抱怨，要学会控制自己，并多在自己身上找原因，时常进行自我反省。

在人生道路上，困难挫折不计其数。当人们遇到挫折的时候，不是抱怨出身不好，就是抱怨社会阅历肤浅，要么抱怨社会竞争太激烈。殊不知，困难、挫折偏宠爱这些喜欢抱怨的人，他们越是抱怨，困难、挫折就越多。所以，一个想要成功的人必须要有正视困难的勇气，养成善于接受挑战的好习惯，不要怨天尤人，要学会接受、面对。

任何事情都具有两面性，有利也有弊。遇到不利因素时，要学会接受，不要自怨自艾。不利因素，能够磨炼成长中的人们。要养成善于接受挑战的好习惯，切勿让抱怨毁了大好前程。

一个自以为学识渊博的年轻人，一直得不到重用，为此他总是怨天尤人，自怨自艾，异常苦闷。有一天，这个年轻人去问上帝："命运为什么对我如此不公？"上帝听了沉默不语，只是捡起了一颗不起眼的小石子，并把它扔到乱石堆中。上帝说："你去找回我刚才扔掉的那个石子。"结果，这个年轻人翻遍了乱石堆，却无功而返。这时候，上帝又取下了自己手上的那枚戒指，然后以同样的方式扔到了乱石堆中。结果，这一次他很快便找到了那枚戒指——那枚金光闪闪的金戒指。上帝虽然没有再说什么，但是他却醒悟了：自己只不过是一颗普通得不能再普通的小石子，与那金光闪闪的金子相比还有很大的距离，自己因能力不足所以得不到重用。因此，自己根本没有资格怨天尤人，也没有权利抱怨命运对自己不公。

上帝对每个人都是公平的。他没有给你打开一扇窗的同时，必定给你敞开了一道门。对不佳的际遇，一时的坎坷，一些人总是抱怨命运的不公、上帝的捉弄，却不能正视自己，找到问题的根源。

尘世琐屑，红尘纷扰，难免遭遇凄厉的狂风、淋漓的冷雨，但是这并不是苦难，而是恩赐，正是上天对我们生命的打磨与锤炼。因为，生命的初始，就像一块璞玉，质朴而粗糙，没有光泽，需要我们细细地打磨，耐心地锤炼。这样才能去粗存精，显示出生命的厚重与光华。

生命是美丽的，而且异常精彩。面对不幸，面对潦倒，我们所要做的不是怨天尤人，自暴自弃，应该是敢于正视困难，善于接受挫折的洗礼，承受苦难，直面打击，只有这样，才能将自己打磨成一块闪闪发光的金子。要知道，上帝永远是公平的。等到有一天，真正将自己打磨成一块熠熠生辉的金子时，任何人都掩不住那灿烂夺目的光辉。

神父去拜访一位久未到教会做礼拜的教友。

教友说："教会的是非问题太多了，一堆人聚在一起，就喜欢说人是非，我感觉非常累，我不喜欢这样的教会。如果教会能为人提供一片净土，我会去的。"

神父没有办法，因为他自己也觉得教会的是非问题很多，而这问题也持续了很久。

他沮丧地回来请教有经验的老神父。

老神父去找教友，教友又把他的话重复一遍："如果教会是个单纯的地方，我就会去。"

老神父听完一笑，问："你有没有看到过这样的教会呢？"

教友想了想，摇头说："没有看到过。"

老神父说："如果有的话，我劝你也不要去。"

教友疑惑地问："为什么？"

老神父答："你去也只是污染教会而已。"

对于生活中许多不顺遂的事，人第一个反应就是抱怨。抱怨也并不会犯法，但是它容易令人们陷入负面情绪中。

教友抱怨教会是非多，而事实也正是如此，但教会也有它自身的优点，一味地将注意力集中在教会的缺点上，那就容易将缺点放大，而忽略了它的优点。试着去看事物可令自己学习成长的部分，而不要专注那些对自身成长无益的方面。

那些喜欢抱怨的人常说："公司根本就不了解我的实力"、"上司没有眼光，所以我再努力也得不到他的赏识"、"大家都无法欣赏我的能力"等等。这种人往往是能力一般，和公司里的员工没有什么两样，公司老总凭什么提拔你而不提拔别人。一个人如果凡事都怪运气不好，那么他很难跳出那个圈子。总之，最重要的是不要随随便便地把一切责任往命运上推。宿命论者，大多非常地灰暗、悲观。他们越是这样，幸运女神就越不会去眷顾他们，他们就更相信是运气不好，这样便形成了一种恶性循环。事情做得好不好基本上不是问题，而问题的关键是人们总把一切阻碍成功的因素推到命运上。

任何事情都具有两面性，相对立的两个方面都是相互关联的。有黑一定有白，有好一定有坏，这是原本存在的事实。从不同的角度看问题，你会发觉同样的东西会有不同的闪光点。像不同的两个人看同样一朵玫瑰花，有的人看到了漂亮的玫瑰花，而有的人却看到了漂亮的玫瑰花下的刺。所以任何事情都不要抱怨，抱怨是一种无聊、幼稚的做法，其实是给自己的失败找一个理由作搪塞。任何时候不要抱怨，要养成杜绝抱怨的好习惯，任何一个成就大事的人不会把时间用在抱怨上，相反是把时间用在踏踏实实的行动之上。

凡存在，必有价值，这是肯定的。同一样东西对不同的人来说，都有不同的价值，主要看人对物的需求。

鸦片对很多人来说是毒品，但对有需要的病人来说，却是抗痛良药。运动是健康的，但对某些患有特殊疾病的人来说，却是危险且会致命的。万事万物都不是绝对的。如果只想品尝成功的甘甜，而躲避困难的苦涩，只会令自己不快乐。

谁都没有创造宇宙的力量，除非学会接受，否则难以在现今这个宇宙里生存。既然如此，培养接受好习惯，是对自己对他人都绝对必要的功夫。

一个良好的习惯并不是一朝一夕就能养成，它需要有一定的耐力与毅力。

因此，人们必须做到一颗红心两种准备，在培养好习惯的同时，还要磨炼自己的耐性与承受能力。刚开始要控制好自己的情绪的确有点困难，但习惯就好了，生命中的喜悦也将源源不绝地到来。

6. 知错就改，为时不晚

俗话说："浪子回头，金不换。"生活中人是会犯错误的，有了错误并不可怕，可怕的是明明有了错误，可是却不改正，继续错下去，在错误的道路上越走越远。知错就改，为时不晚，以后在同一个问题上注意，避免同样错误。

在日常生活中，人们随时都有可能犯下这样或那样的错，但犯错不要紧。毕竟"人非圣贤孰能无过？"这需要人们养成知错就改得好习惯。有的人会为自己所犯下的错误后悔不已，也有人会因此而消沉，但是还有一种人就是为自己犯下的错找一个借口来掩盖错误。

在孩子很小的时候，父母就为其灌输诚实、勇于认错、知错就改的思想。其目的就是想培养孩子知错就改得好习惯，因为这对孩子的健康成长有很大的作用。尽管如此，仍然有许多人忽略这个好习惯的重要作用。

生活中，我们经常可以听到"我不会做"、"我犯错是因为……""其实我也不想……""那不是我的错"等，这些都是在为自己的错误找借口，都是推托之辞，是不被提倡的。面对自己的过错说一声"对不起"之类的话，并不会使你颜面尽失，也不会招致他人的厌恶，反而别人会认为你是一个敢作敢为的"好汉"。这对树立威信、聚集人气、获取成功有百利而无一害。有些人根本不能体会到知错就改这一好习惯的好处，一旦犯下错误，就要为自己的错误找借口，甚至是掩盖自己的过失，生怕失信于人，害怕在小辈面前失去威严。殊不知，这是面子在作祟，如果只为了维护自己的面子而纵容错误的蔓延，只能落得失信、丢脸的下场。

其实，错了就是错了，大的错误也是错，小的错误也是错，就算一点错也还是错。只要知错就改，仍然是人们所欢迎的人，仍然可以得到他人的欣赏与赞许。

杰克住在纽约市中心附近，在他家旁边，有一片野森林。春天的时候，黑草莓丛野花盛开，松鼠在林间筑巢育子，马草长得高过马头。这块没有被破坏的林地，叫作森林公园——它的确是一片森林，也许跟哥伦布发现美洲那天下午所看到的并没有什么不同。杰克常常带着雷斯到公园去散步，雷斯是一只友善不伤人的小猎狗，因为在这片森林公园里很少能碰到人，所以杰克常常不给雷斯套狗链或戴口罩。

有一天，他们在公园里遇见一位骑马的警察，他好像迫不及待地要表现出自己的权威。他训斥杰克："为什么让你的狗跑来跑去，却不给它套上链子或口罩，难道你不知道这是违法的吗？""是的，我知道，"杰克轻柔地回答，"不过我想它不至于在这里咬人。""法律是不管你怎么认为的。它可能在这里咬死松鼠或咬伤小孩。这次我不追究，但如果下次再让我看到这只狗没戴口罩出现在公园里，那你就必须去跟法官解释了。"杰克客气地答应照办。

经过这次遭遇，杰克果然给雷斯戴上了口罩，可是，麻烦又来了，雷斯很讨厌戴口罩，因此，杰克想碰碰运气，就把口罩给它摘下来。起先很顺利，可惜好景不长。

一天下午，杰克和雷斯在一座小山坡上赛跑，突然间那位骑马的警官再一次出现在他们的视线范围内，见此状，雷斯快速地朝那个警察冲去。

杰克知道这下完了，所以不等警察开口他就说："警察先生，这次你当场逮到我了，我有罪，我没有托词，没有借口了，你上星期已警告过我，带狗出来时，必须给狗戴链子或口罩，否则就要接受惩罚。"

"是啊！我已警告过你，为什么还要这样呢？不过你承认错了，这很好。"警察的回答变得柔和了，"我知道在没有人的时候，谁都忍不住想带自己的爱犬出来散步。"

杰克回答说："的确是忍不住，但这是违法的。"

"这样一条小狗大概不会咬伤人吧。"警察说。

"不，它可能会咬死松鼠。"杰克接着说。

"哦，你把事情看得太严重了。"他告诉杰克，"这样办吧，你只要吸取教训，保证今后不再这样，事情就算了。"

由杰克的经历可以看出知错就改的好处，如果杰克有意为自己辩护的话，那么结果可能是另一番景象。如果知道自己错了，免不了会受责备，自己何不先认错呢？自己谴责自己不是会比被别人指着鼻子骂、批评好受得多吗？如果人们对自己的所作所为提前作了指责和批评，别人十之八九会宽容、饶恕你的错误。

精确、一丝不苟，是制作商业广告和出版读物的重要原则，有些艺术编辑要求他们的下属以最快的速度完成任务，在这种情况下，难免会发生一些小错误。有一位艺术组长，总是喜欢从鸡蛋里挑骨头，下属们每次离开他的办公室时，总觉得倒胃口，不是因为他的批评，而是因为他攻击人的方法。

有一次，他的一位下属李子向他交了一件匆忙完成的画稿，没过多久他就给李子打电话，要他立即到办公室，说是画稿出了问题。当李子走进他的办公室后，正如预料的那样，惹来了很多麻烦，他恶意地准备责备李子。李子见状忙说："先生，如果你的话是正确的，那么我的失误一定不可原谅，我为你画稿这么多年，该知道怎么画才对，我觉得很惭愧。"

他立刻开始为李子辩护起来，说："是的，你的话没有错，不过这终究不是一个严重的错误，只是……"

李子再次打断了他的话，说："任何错误都要付出代价的，这我知道，但是我一定会改。"

他想插嘴，但李子没有让他把话说出来，继续检讨自己的错误："我应该更小心一点才好，你给我的工作很多，照理应该让你满意，因此我打算重新画一次。"

"不！不！"他反对起来，继续说，"我不想那样麻烦你。"他开始赞扬李子的作品，告诉李子只要稍微改动一点就行了，又说一点小错不会造成多大的损失，毕竟这只是小节不值得重新画一次。

李子急切地批评自己，使他怒气全消了。结果，这位刻薄的艺术组长还邀请李子共进午餐，分手之前，他给了李子一张支票，又交代了另一件工作。

傻瓜才会为自己的错误辩护，而聪明人会主动承认自己的错误，因为这样才会得到别人的谅解，并给人以谦恭有礼的感觉。

正如卡耐基所说："若能抬起头承认自己的错误，那么错误也能有益于你，因为承认一个错误，不仅能增加周围人对你的尊敬，且将增加自己的自信。"所以，人们应该不断地告诫自己不要为自己的错误找借口，养成知错就改的好习惯。

7. 不可随便挥霍，财富在于积累

养成储蓄的好习惯，有助于培养良好品德、预防意外情况发生，还可以使人们在物质诱惑面前克制自己，避免落入攀比、浪费的漩涡当中。

生活中，经常会看到这样的现象，许多家长在孩子很小的时候，就会为孩子买一个储蓄罐，这一方面是为了防止孩子乱花钱，另一方面是为了帮助孩子养成善于储蓄的好习惯。

储蓄是致富的妙方，是事业成功的法宝，人们一旦养成了善于储蓄的好习惯，获得财富、取得成功将不是一个梦。

曹庭栋在《老老恒言》里说："及其老也，戒之在得，财利一关，似难打破，亦念去日已长，来日已短，虽堆金积玉，将安用之？然使恣意耗费，反致奉身匮乏，有待经营，此又最苦事。故储蓄二字，始终不可忘。"

曹庭栋这段话的意思是说：金钱财富似一道"关口"，一般人好像闯不过去。人到老时，想想岁月已过去很多，未来的日子不多了，这时就是有堆金积玉的财产，又哪用得了呢？但如果因财产多了就随意花销，反而使自己连生活都维持不了，又要想办法去挣钱，这将是最苦的事情。因此，"储蓄"二字，人一生都不可忘记。

曹庭栋讲的是极简单又深刻的人生经验。俗话说："天怕起秋旱，人怕老来贫。"年轻时大手大脚不注意储蓄，到老时就会为手头困窘而懊悔。有一个民间故事，讲一家人，儿媳妇每次盛米做饭时，婆婆都会走过来，从中舀出一碗米，儿媳妇觉得婆婆太小气了。这年，发生了旱灾，庄稼颗粒无收，眼看着全家人要挨饿了，这时婆婆叫儿媳妇到她屋里去拿米，儿媳妇去了，看见满满一麻袋大米，都是婆婆一碗一碗攒下来的！这个故事告诉人一个道理：要养成储蓄的习惯。

今天，随着经济的发展，物质生活比以往丰富多了。在这种情况下，更要养成储蓄的习惯。一些人看来，"储蓄"好像是祖辈的事，对现代人来说已没有用了，这种看法其实是不对的。总而言之养成储蓄的习惯是好事。储蓄是一件利国利己的好事，把钱财放在银行里总比放在口袋里踏实；储蓄有益于提高道德修养，使人们能在物欲的诱惑面前懂得克制，从而不会堕落为贪得无厌的人；储蓄有益于身体健康，它使人们的饮食简单合理，而不是暴饮暴食。

"肥胖病"已成为美国最为严重的社会问题，据报道，现在半数美国人超重，1/3的人患了肥胖症。有人预言，体重正常的人，在不久的将来将会被视为"不正常"的一族。

石油大王洛克菲勒是一个极其成功的人。他16岁开始闯荡商界，在一家商行当小职员，工资微薄，每个月只有40元。看起来他似乎还很贫穷，但是他仍然把大部分钱积蓄起来，为日后的投资做准备。

两年后，他开始经营猪肉和猪油生意，成了当地一个小有资本的商人。但是他一直保持着储蓄的习惯，他还要为今后的大投资做准备。

在1859年石油业掀起热潮时，他觉得时机成熟了，他拿出平时积累下来的财富，买下了一家炼油厂。这个炼油厂给他带来了很多的利润，经过20年的辛苦经营，洛克菲勒控制了美国90%的炼油业，成为亿万富翁。

他之所以这么成功，和他16岁时开始养成的存钱习惯有很大的关系，可想而知，储蓄对一个人多么重要。

无独有偶，新加坡报王李成枫也是靠节俭与储蓄成长起来的。在1927年的时候，他为了寻找适合自己谋生创业的地方，只身一人冒险来到新加坡闯世界。年仅18岁的李成枫在人生地不熟的异国他乡并未因举目无亲而打退堂鼓，凭借一身好力气，不辞劳苦地开始了自己那"挣钱糊口——攒钱创业——光宗耀祖"的辛苦拼搏。他的第一份工作，是在爱国华侨陈嘉庚的鞋厂里当卫生巡察员，每月虽只挣十几元，但省吃俭用后还能攒下8元钱，他把自己的一切开销降到最低，把剩下的钱全部储蓄起来。

在这同时，他又在民信汇兑银行找到一份月薪20元的汇兑活计，工作之余他还想方设法寻找第三份职业，他凭着拉电线的手艺每月有150元钱的额外收入，因此他曾无比自豪地说："当时一名银行经理的月薪，只不过五十来块钱，而我的分内和额外收入加起来，比银行经理月薪的3倍还多。"就这样，经过两年的奋斗和拼搏，李成枫以"多挣少花勤储蓄，细水长流终有钱"的聚钱绝招，从牙缝中一点一点抠出令人羡慕不已的钱财；以"半杯咖啡兑水喝，既能享受又节省"的省钱绝招，从嗜好中一粒一粒剔出了令"打工仔"自叹不如的财富。他摇身一变成了不是老板胜似老板的"打工皇帝"。

后来李成枫把所有的积蓄全部用来开拓他的事业，最终成了一个名副其实的亿万富翁。他说："如果获得10块钱的利润，我只用5角，其他9元5角都用来再投资扩大生产。不然的话，把这些钱用光或吃光，我们的企业何时才能发展壮大呢？"

希尔说："如果你没有钱，而且也尚未养成储蓄的习惯，那么，你永远无法使自己获得任何赚钱的机会。"这是一个不折不扣的事实。

几乎所有的财富不管是多少（大如洛克菲勒的亿万资产，小如达齐钦的3公顷庄园），它的真正起点就是节俭和储蓄习惯。

人们常常把节俭和吝啬混为一谈。其实二者有本质上的区别。有个小孩子问父亲："什么是节俭？什么是吝啬？"父亲回答："比方说，我给自己买了一双便宜的鞋，这是节俭。我给你妈妈买了一双便宜的鞋，这就是吝啬。"这是一个小幽默，讲得却有几分道理。节俭不反对正当的消费，它反对的是浪费。节俭的人并不自私，他在帮助别人时是慷慨大方的，而吝啬则是将人的正当消费也视作"奢侈"，将人的消费压到了不近情理的苛刻地步。吝啬人的骨子里是自私，如果要他们拔一毛就能利天下，他们也会痛苦不堪的。生活中有人常把节俭的人嘲讽为吝啬鬼，对此，只要人们有正确的认识，完全可以不去理会这些嘲讽，就如达齐钦不理会别人对她的嘲讽一样。

如果一个人在某一项消费上超出了预算范围，那么也就需要在另一项消费上节约。例如，如果在饮食上花费多，那么在衣着上就应该节约；如果在住房上花费多，那么在其他方面就应该尽量节约，诸如此类。

凡是喜欢消费的人花费自然比别人多，这样的人难于养成储蓄的好习惯。通常，减少零星的花销，学会储蓄，并非屈尊于获小利。对于长期性的开销，一开始就要谨慎；但对那些一次性的消费，则不妨大方一些。

养成储蓄的习惯并不是一件很困难的事情，只要人们能把节俭当成一种美德应用在日常生活中，就可以实现养成储蓄好习惯的愿望。

8. 别太固执，多听人劝

固执并不等于有主见，过分固执的人容易钻牛角尖，产生一些不良思想。人要时不时地检点、反省自己，太过于固执的人到最后就会失去自己。

固执不等于自信，光有自信是不行的，仅有自信没有实力也是不行的，人无论在做事还是做人上要懂得灵活变通，不要永远固守一条原则。

在一个偏僻的小村落，下了一场非常大的雨，一场洪水开始慢慢地淹没全村。这时候，一位虔诚的神父在教堂里祈祷洪水马上退去，当时洪水已经淹到了他的膝盖了。外面的人都匆匆忙着逃跑，这时一个救生员驾着救生船来到教堂，对神父说："神父，赶快上船来吧！洪水越来越大，不走就来不及了！"神父说："不！上帝会来救我的，你不用担心，先去救别人好了。"

几分钟后，洪水已经淹过神父的胸口了，神父无奈之下，只好勉强地站在祭坛上继续祷告，这时有一个警察开着快艇赶了过来，他对神父大声地说："神父，快上来，洪水已经无法控制了，不然你真的会被淹死的！快一点！"神父说："我不会走的，我要守住我的教堂，上帝一定会来救我的，你不必费心了，你还是先去救那些无人管的人吧！"于是，警察走了。

眨眼工夫，洪水已经把整个教堂淹没了，神父痛苦地挣扎着，他紧紧地抓住教堂顶端的十字架。这时，一架直升机从远处缓缓地降下来，飞行员用高音喇叭喊着，并丢下了绳梯，大叫："神父，不要再固执了，快上来，这是最后的机会了，其他人都撤了，就剩下你自己了。"尽管形势危急，但神父还是意志坚定地说："我必须守住我的教堂！我相信上帝一定会来救我的，上帝会与我共在的！谢谢你。"无情的洪水滚滚而来，固执的神父被洪流卷走了……

神父上了天堂，见到上帝后非常气愤。他质问："主啊，我终生奉献自己，为你付出一切也在所不辞，并且每天都兢兢业业地侍奉您，为什么洪水到来的时候，你不肯救我！让我过早地上了天堂呢？"上帝笑了，温和地说："我怎么不肯救你、不肯关心你呢？第一次，我派了救生船去救你，你不走，我以为你担心救生船危险。第二次，我又派一只快艇去，但你仍不离开，还是固执己见。第三次，看在你一直虔诚的分上，我以高规格的礼仪待你，单独派了一架直升机去救你，但最后你还是拒绝了，我想不出你为什么有拒绝的其他理由。所以，我以为你急着想要回到我的身边来，所以你就这样过来了。"

这个故事从侧面反映了：生活中的许多人，一味固执地坚守自己的要求、自己的主见，最后却失去了许多美好的东西。

生命旅程中有太多的障碍，固然有许多原因，但由于过度的固执和无知造成的却不在少数。在别人伸出援手之时，别忘了，唯有我们自己也愿意伸出手来，人家才能帮得上忙，你才会有希望。

9. 指责他人不如检讨自己

有的人只相信自己，不相信别人，让人避而远之；有的人总喜欢严厉地责备他人，使他人反感自己，使对方觉得自己很难相处。只知道指责他人不知道检讨自己的人，往往事情都会办得一团糟。其实，欲成大事的人都知道随时自我反省，不会任何事情都去指责别人。

检讨一下我们自己，我们是不是也养成了动不动就责备别人的习惯？如果分配下去的任务没有按时完成，我们可能不会第一时间在自己身上找原因，而是把出问题的原因第一时间归咎于下属身上，指责下属："你怎么搞的？怎么这么笨？"这时，你当然不会考虑下属的反应，他可能什么也不说，但在他内心会觉得你这人不近人情，从而怨恨你。

这样时间长了，你总是指责别人的习惯也会慢慢暴露出来。在今后的人际相处关系上也会大打折扣，失去很多人缘，与同事的关系也会搞得很僵硬。这样做事很难成功，做任何事情总是一味指责别人而不知道自我反省的人，到最后会一事无成。

有这样一个幽默故事，一天丈夫回到家，发现屋里乱七八糟，到处是乱扔的玩具和衣服，厨房里堆满碗碟，桌上都是灰尘……他觉得很奇怪，就问妻子："发生什么事了？"妻子回答："平日你一回到家，就皱着眉头对我说：'一整天你都干什么了'，所以今天我就什么都没做。"其实做任何不起眼的小事都是要花费时间的，就比如打扫卫生、刷刷碗碟都要浪费很多时间的。故事中的丈夫每次回家都看到屋里很干净整洁，却不知道是妻子一天的功劳，他总以为妻子一天什么事情都没有干。然而他却大错特错，就因为他总是指责妻子，所以导致妻子一天什么也没有做，家里乱七八糟的。指责他人实在不是一种好习惯，你会伤害别人也会伤害你自己，特别在一个家庭里，你总喜欢指责对方，这样就会造成家庭的不和谐，双方之间心情不愉快。

有一个比较极端的例子，《三国演义》里，张飞闻知关羽被东吴所害，下令军中，限三日内制办白旗白甲，三军挂孝伐吴。次日，帐下两员末将范疆、张达报告张飞，三日内办妥白旗白甲有困难，须宽限几日方可。张飞大怒，让武士将二人绑在树上，各鞭五十，打得二人满口出血。鞭毕，张飞手指二人："到时一定要做完，不然，就杀你二人示众。"范疆、张达受此刑责，心生仇恨，便于当夜趁张飞大醉在床，以短刀刺入张飞腹中。张飞大叫一声就没命了，时年仅55岁。就是张飞的固执、偏激导致了自己丧命。

不过，并非人人都像张飞那样，还有一件这样的事情。1863年7月，盖茨堡战役展开。敌方陷入了绝境，林肯下令给米地将军，要他立刻出击敌军，但米地将军迟疑不决，用尽了各种借口，拒绝出击，结果敌军轻易逃跑了。林肯勃然大怒，他坐下来给米地将军写了一封信，表达了他的极端不满，但出乎常人想象的是，这封信林肯并没有寄出去。在他死后，人们才在一堆文件中发现了这封信。也许林肯设身处地地想了米地将军当时为什么没有执行命令，也许他想到了米地将军见到信后可能产生的反应，米地可能会与林肯辩论，也可能会在气愤之下离开军队。木已成舟，把信寄出，除了使自己一时痛快以外，还有什么作用呢？

不要指责他人，并不是说放弃必要的批评。这里的原则是要抱着尊重他人的态度，以对方能够接受的方式来批评。

有一家工厂的老板，一天巡视厂区，看到有几个工人在库房吸烟，而库房是禁止吸烟的。他没有马上怒气冲冲地对工人说："你们难道不识字吗？没有看见禁止吸烟的牌子吗？"而是稍停了一下，掏出自己的烟盒，拿出烟给工人们，并说道："请尝尝我的烟，不过如果你们能到屋子外去抽的话，我会非常感谢的。"工人们不好意思地掐灭了手中的烟。

在许多情况下，我们喜欢责备他人，常常是为了表现自己多么的有能耐。有时，也有推卸责任的目的，古人讲"但责己，不责人"，就是要我们谦虚一些，严格要求自己一些，这对自己只有好处，绝无坏处。因此，要随时知道去反省自己，使自己做到更好。

在你想指责别人的错误时，请马上闭紧自己的嘴，对自己说："看，坏毛病又来了！"这样，你就可以逐渐改掉喜欢责备他人的坏习惯。

尖锐的批评和攻击，取得的效果都是零，批评就像家鸽，最后总是飞回家里。当你想指责或纠正你身边犯错误的人的时候，他们不但不接受你的批评反而会为自己辩解，甚至反过来攻击你。成功的经验告诉我们：学会宽容和尊重，才能更好与人相处。

10. 敢于直面自己的缺点

人无完人，每个人都不是十全十美的，每个人身上或多或少都有一些缺陷。不要总是想尽一切办法去回避自己的缺陷，要正视自己的缺点，并努力去改正。有缺陷的并不影响人成就大业。

人无完人，每个人都或多或少会有一些缺点。正因为这样，人们才要不断地完善自己、充实自己。但是，总有一些人想方法设法地去回避自己的缺陷。原因是害怕别人笑话，现实生活中越是怕别人笑话，别人越是笑话你。

一些人认为自己的牙齿长得不整齐、不好看，所以在与别人说话时总是想掩饰自己，捂着自己的嘴巴说话。其实，这样做不但起不到掩饰的作用，反而会使人感到虚伪，做作。这样时间长了愿意和你交往的人就会越来越少。这种人就是不愿意承认自己的不足，没有勇气接受自己的缺陷，极力掩饰，或者刻意伪装，这样容易形成病态人格，无法做成一番大事。

每个人身上的弱点，都会以不同的形式暴露出来，但有一点是不变的，那就是它在不同的程度上阻碍着我们成功。

不愿与人交往是阻碍个人成功的绊脚石，这或许是心理自卑，或许是不敢，无论是哪一种情况都会影响自身的发展。要克服这种心理，必须树立自信心，加强自我反省的意识。

还有一部分人不敢在熟人面前露丑，这也是一种不良习惯。其实，露丑也不是什么丢人的事情，反而可以锻炼自己。在人的成长过程中，谁都会有过一次或者几次的露丑经历。要知道，自己露了一次丑，以后就可能勇敢地迈出第二步，甚至路就会越走越宽，越走越自信了。

当富兰克林突然发现他已经失去了很多朋友的时候，才意识到事情的原因是自己太爱争强好胜，无论什么事情自己都要占上风，所以才无法与别人处好关系。有一天，他仔细地考虑了以前自己的行为之后，坐下来列了一个清单，把自己在个性上所表现出来的缺点全部都罗列了出来。看完这些缺点，他吃了一惊，同时也找到了解决问题的办法。于是，富兰克林下了极大的决心要改掉自己的这些毛病。日子一天一天过去，他在单子上把自己的缺点一条一条地划掉了，直到他最后全部划完为止。后来，富兰克林不仅赢得了很多朋友，而且还成了美国最得人心的人物，并受到了人们的尊敬和爱戴。

换一个角度来看，假如富兰克林的选择是我行我素、根本不在乎别人的感觉，不对自己的个性加以检讨，放任自己的个性而为，那么他不仅得不到更多的朋友，而且也成不了令人尊敬的知名人物。

每个人都应该积极地坦然面对自己的不足，不要刻意地去掩饰，实事求是，敢于挑战自我，勇敢地承认自己的缺点与缺陷，这样，别人才会更加尊重你，愿意与你交往。